教育部人文社会科学研究青年基金项目（编号：20YJCZH252）
国家自然科学基金资助项目（编号：51778349）

生产·生活·生态

——美丽乡村绿色人居单元设计营造

赵继龙　周忠凯　著

江苏凤凰科学技术出版社
南京

图书在版编目（CIP）数据

生产·生活·生态：美丽乡村绿色人居单元设计营造 / 赵继龙，周忠凯著． -- 南京：江苏凤凰科学技术出版社，2021.2
ISBN 978-7-5713-1589-4

Ⅰ．①生… Ⅱ．①赵…②周… Ⅲ．①乡村规划-研究-山东 Ⅳ．①TU982.295.2

中国版本图书馆CIP数据核字(2020)第242628号

生产·生活·生态——美丽乡村绿色人居单元设计营造

著　　　者	赵继龙　周忠凯
项 目 策 划	凤凰空间／杨琦
责 任 编 辑	赵　研　刘屹立
特 约 编 辑	杨　琦

出 版 发 行	江苏凤凰科学技术出版社
出版社地址	南京市湖南路1号A楼，邮编：210009
出版社网址	http://www.pspress.cn
总 经 销	天津凤凰空间文化传媒有限公司
总经销网址	http://www.ifengspace.cn
印　　　刷	雅迪云印（天津）科技有限公司

开　　　本	710 mm×1000 mm　1／16
印　　　张	15
字　　　数	200 000
版　　　次	2021年2月第1版
印　　　次	2021年2月第1次印刷

标 准 书 号	ISBN：978-7-5713-1589-4
定　　　价	128.00元

图书如有印装质量问题，可随时向销售部调换（电话：022-87893668）。

序

乡村是人类聚居环境的重要组成部分，在我国城镇化率已超过 60% 的今天，仍为我国近半数人口提供着生活、工作物质资源，是农民生活的主要载体，其建设质量对整个社会人居环境的发展起着非常重要的作用。乡村人居环境建设质量的提高可以协调农村居住与社会、经济、资源环境等之间的关系，有效改善农村面貌和农民生活，是乡村振兴的重要内容和成就表征。

乡村住区呈现出以农田和自然地貌为底、高度分散的点状独立单元空间形态与布局特征，居民点适度合并也不会从根本上改变这一特征，集中式市政设施不具备经济可行性。因此，以趋近自维持的"离网"型人居单元为形态前提，进行乡村住区的可持续空间与技术模式探索，是乡村人居环境建设应该积极探索的道路。与城市住区相比，乡村住区面对的环境要素、资源条件、社会结构、担负职能等方面有重大区别，更应强调功能综合性和一体化，它不仅仅是居住之所，更应成为一种生产、生活、生态兼容的多功能性空间。在合理构建要素关系、科学选择建设模式的前提下，使其发展成为与城市并列互补、独具魅力的人类家园。

乡村的根本特征在于对农业的强烈依生性，农业在其经济、环境和社会文化各层面中扮演着根基性、全局性和关键性的角色，这在作为国家粮食安全关键支柱的我国北方传统农区尤其显著。这些地区往往工业化水平较低，经济欠发达，居民点的水、能源、环卫等基础设施建设仍不充分、不适当，是乡村绿色规划模式的研究和实施的主要领域。美国康奈尔大学的斯考特教授认为，人类社会可持续发展的关键，就是从以石油为基础的经济，转向以生物为基础的经济，在这个转向过程中，农业的作用将越来越重要，农业绝不仅仅生产食物，它还生产工业原料，能够产生生物质能源，消纳有机垃圾并变废为宝，是养分循环的核心环节。因此，农业生产与人居环境之间存在着多方面的互补性和共生可能性。

重要问题历来不乏探索积累。在我国传统农耕社会，先辈们就积累了大量的生产、生活、生态一体化的智慧。20 世纪后半叶的几十年间，各地在经济困顿的情况下大量开展庭院经济、家庭沼气、四位一体设施农业等富有成效的建设实践，积累了宝贵经验。这些历史经验值得在新时期乡村建设行动中予以合理传承和发扬光大。

笔者基于上述背景，立足农业这一根本，把农业生产与农民生活、农村生态环境等乡村人居环境建设问题有机地关联起来进行整合研究，构建生产、生活、生态"三生一体"的美丽乡村规划设计与营建模式，以期探索一条符合乡村资源环境条件和发展需求的人居环境建设之路，为"生产发展、生活宽裕、生态良好"的农村可持续发展总体目标做出贡献。

本书以空间、技术、社会为三维理解框架和构建框架。空间重构意味着打破居住生活与农业生产的空间分离状态，重新建立起更为交融一体的新型空间组织方式；技术重构意味着打破农业生产系统和农民生活系统资源流动的界限，依据系统间的资源互补共生关系组织跨界循环；社会重构意味着生产组织方式、生活方式和就业方式突破以家庭为单位、以农业种养为主的模式，向社会化、产业化、多元化模式转变。技术重构和社会重构是空间重构的依据，空间重构是技术重构和社会重构的物质保障和增效平台，技术重构是社会重构的重要前提，三者存在互动关系。

研究开展和撰写过程中，团队的研究生积极承担调查、研究任务并提供部分内容地资料。其中，第四章由高赓提供资料，第五章由李莹提供资料，第六章由闫瑞红提供资料，第七章的乐家村、仁里村和西单村三个案例设计和内容分别由张永娇、闫瑞红和李莹提供资料，第八章由席晓萌提供资料，在此向参与本研究的同学们表示衷心感谢。全书由赵继龙和周忠凯完成统稿。

本书受国家自然科学基金资助项目（编号：51778349）、教育部人文社会科学研究青年基金项目（编号：20YJCZH252）资助，在此特致感谢！由于作者水平有限，书中难免有错漏之处，恳请业界学者和广大读者批评指正。

2020 年 12 月

目 录

1 绪论

2005 年 10 月 8 日，中国共产党十六届五中全会通过《国民经济和社会发展第十一个五年规划纲要》，提出按照"生产发展、生活宽裕、乡风文明、村容整洁、管理民主"的要求，扎实推进社会主义新农村建设。

1.1 研究背景

1.1.1 社会背景

"建设社会主义新农村"政策提出以来，各地政府都对乡村人居环境建设工作高度重视并进行了大力推动。以山东省为例，2009 年以来，山东省先后出台了一系列政策文件（表 1.1），旨在推进山东乡村地区的城镇化发展，大力加强农村新型社区建设，并取得了明显的进展。截至 2015 年，山东省共规划农村新型社区 12 818 个，开工建设农村新型社区 6 455 个，建成农村新型社区 3 714 个，搬迁村民达 820 万人。

表 1.1 山东省新农村建设政策文件

时间段	具体时间	文件名称
"十一五"期间（2006—2010 年）	2006 年 3 月	《山东省建设社会主义新农村总体规划（2006—2020 年）》
	2009 年 3 月	《山东省人民政府关于推进农村住房建设与危房改造的意见》（鲁政发〔2009〕17 号）
	2009 年 10 月	《中共山东省委 山东省政府关于大力推进新型城镇化的意见》（鲁发〔2009〕21 号）
	2009 年 11 月	《中共山东省委 山东省政府关于推进农村社区建设的意见》（鲁发〔2009〕24 号）
"十二五"期间（2011—2015 年）	2011 年 4 月	《山东省人民政府关于进一步规范城乡建设用地增减挂钩试点加强农村土地综合整治工作的意见》（鲁政发〔2011〕12 号）
	2011 年 7 月	《中共山东省委 山东省政府关于加强生态文明乡村建设的意见》（鲁发〔2011〕10 号）
	2012 年 6 月	《山东省人民政府关于继续推进农村住房建设与危房改造的意见》（鲁政发〔2012〕21 号）
	2013 年 1 月	《山东省人民政府关于印发山东省城镇化发展纲要（2012—2020 年）的通知》（鲁政发〔2013〕4 号）
	2013 年 9 月	《山东省住建厅、民政厅关于印发〈山东省农村新型社区规划建设管理导则（试行）〉的通知》（鲁建村字〔2013〕24 号）
	2013 年 9 月	《省委办公厅 省政府办公厅关于加强农村新型社区建设推进城镇化进程的意见》（鲁办发〔2013〕17 号）

续表 1.1

时间段	具体时间	文件名称
"十二五"期间（2011—2015年）	2013年9月	《中共山东省委办公厅 省政府办公厅关于转发省住房城乡建设厅等部门〈农村新型社区纳入城镇化管理标准（试行）〉的通知》（鲁厅字〔2013〕27号）
	2013年12月	《山东省实施〈村庄和集镇规划建设管理条例〉办法》
	2014年9月	《山东省农村新型社区和新农村发展规划（2014—2030年）》
	2014年9月	《中共山东省委 山东省人民政府关于推进新型城镇化发展的意见》（鲁发〔2014〕9号）
	2015年10月	山东省委办公厅、山东省政府办公厅《关于深入推进农村社区建设的实施意见》（鲁办发〔2015〕44号）
	2015年10月	山东省住房和城乡建设厅《山东省改善农村人居环境规划（2015—2020年）》
"十三五"期间（2016—2020年）	2017年9月	《山东省人民政府办公厅关于印发山东省加快推进畜禽养殖废弃物资源化利用实施方案的通知》（鲁政办发〔2017〕68号）
	2017年12月	《山东省人民政府办公厅关于做好粮食生产功能区和重要农产品生产保护区划定工作的实施意见》（鲁政办发〔2017〕83号）
	2018年8月	《山东省国土资源厅 山东省农业厅关于印发山东省设施农业项目用地清理整治专项行动方案的通知》（鲁国土资字〔2018〕274号）
	2019年8月	《山东省自然资源厅办公室转发〈自然资源部办公厅关于印发农村集体土地征收基层政务公开标准指引的通知〉的通知》

地方政府的强力推进是加快乡村人居环境建设步伐的主要手段，也是当前乡村人居环境建设飞速发展的根本原因。由于目前在学术领域并没有太多关于乡村人居环境建设的研究成果，致使现有建设模式普遍缺乏足够的科学指导，并且一味地模仿城市人居环境建设模式来指导建设，导致大范围的乡村建设实践相对"冒进"。如果推动的方向有所偏离，短期内便会对乡村人居环境造成严重破坏，带来不可估量的损失。因此，探索适宜的乡村人居环境建设理论，并以其指导乡村建设实践，就显得尤为重要和紧迫。

1.1.2 实践背景

自中国共产党十六届五中全会提出"推进社会主义新农村建设"至今已有一段时间，而当前的实践过程可以总结为两种形式：第一，将成熟且完善的城市人居环境建设理论直接运用到乡村建设中去，完全模仿城市住宅小区进行建设，忽视了乡村在资源环境、生活方式、产业结构和文化习俗等方面上与城市的差异，这主要体现在农村新型社区建设中（图1.1）；第二，针对农村的环境污染问题进行局部改造，利用廉价易行的处理方式来保持乡村的村容村貌，如农村生活垃圾污水处理、农村厕所改造等局部改造措施（图1.2）。这些实践虽然能够缓解乡村人居环境问题，却不能引导其可持续发展。另外，对山东省一些农村新型社区的初步调查显示，空间模式雷同化和单一化普遍存在，具体表现在农民上楼而设施未上楼、居住城市化而产业农村化等方面上，初步证明城市人居环境模式在乡村人居环境建设中行不通。

图1.1　山东省淄博市北旺庄农村社区　　　图1.2　农村改厕工作中的三格式化粪池

乡村的根本特征在于对农业的强烈依赖，农业在其经济、环境和社会文化各层面中扮演着根基性、全局性和关键性的角色，是乡村人居环境重要的一部分。但是在当前的学科划分体系下，乡村人居环境建设属于建筑规划专业研究范畴，研究视角集中在乡村居民的生活空间与居住形态上，缺乏对农村资源环境状况及农业生产方式的深入了解和认知，因此很难提出有效的关于乡村人居环境建设的学术理论。

但是有关乡村生态环境建设的理念却存在已久。为了协调现代农业生产中农民与农业之间的关系，降低机械化生产对环境的影响，农业经济领域的学者基于循环农业理论提出了生态农村的概念，期待可以充分利用自然资源，统一协调生态、经济、社会三方面效益，达到乡村聚落可持续发展的目的。由于不同专业之间的研究视角差异过大，该理念主要是针对乡村居民的"农业生产区"和"食物供给区"进行研究，缺少对"居民生活区"的探讨，因此在建筑规划专业学术领域难以引起重视。

农业生产与人居生活是乡村人居环境的两大组成部分，两者之间是互利共生的关系，虽属不同学科研究范畴，但若要提出适宜的学术理论来指导乡村人居环境建设，就必须将这两大部分进行跨领域、跨学科的结合。

1.1.3　理论背景

当前学术界对于人居环境理论在空间形态层面的研究探讨已趋近成熟和完善，因此人居环境整体设计的视角开始由单纯的空间形态转向更深层次的探讨,并逐渐成为研究热点。总结起来有以下几个方面。

1）分散式网络化布局

19 世纪 60 年代,保罗·巴兰（Paul Baran）对分散和韧性的联系进行了详细阐述,区分了分布式、分散式和集中式三种不同类型的系统,并将其运用到通信网络的相关研究中（图 1.3）。之后,物理学家阿莫里·洛温斯（Amory Lovins）在《软质能源途径》（*Soft Energy Paths*）一书中指出,当系统的分布和尺度与终端的使用相匹配时,整个系统的效率能够达到最高。虽然该观点主要针对能源系统,但是其原则具有通用性。随着研究的不断深入,该观点逐渐渗透到人居环境建设当中。现在,城市中的生活基础设施普遍采用集中式布局方式,但这种方式有一系列弊端:集中式布局加大了能量的传输距离,在传输过程中能量损失增加;集中式布局的韧性相对较小,若系统某一点出现问题会导致整个系统瘫痪;物质转换过程中产生的能量难以被利用等。因此,探索通过网络化结构增加人居环境的韧性,是维持人居环境可持续发展的一大主题。

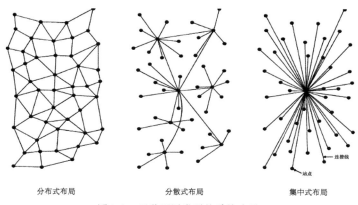

分布式布局　　　　　　　分散式布局　　　　　　　集中式布局

图 1.3　三种不同类型的系统布局

2）生态型基础设施

随着人类对能源的依赖越来越强,能耗问题成为当前研究的热点。在社会整体能耗中,建筑能耗占的比重很高。据统计,2004 年建筑能耗占社会总能耗的比例达到 30%,随着城市化进程的加快,这一比例还在增加。因此,学术界研究方向由对空间形态和对环境适应的探索,逐渐转向利用生态学手段探索人居环境可持续发展（图 1.4）。景观都市主义、生态足迹、系统代谢等概念成为当前研究的重要依据,而这些概念都不约而同地涉及基础设施问题,因此如何利用生态型基础设施代替传统的灰色基础设施成为当前研究的重点。

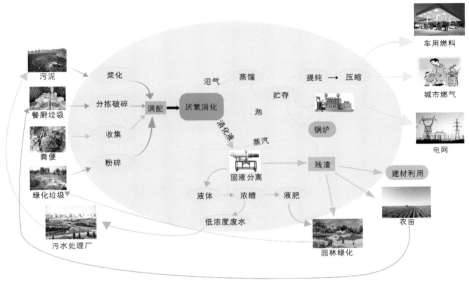

图1.4　生态型基础设施

3）自维持理念

自维持理念最早应用于住宅，旨在构建一种能够依靠自身运转的居住体系，脱离市政管网提供的水、电、气和排污系统，利用自然界中的阳光、风来生成电能，利用收集的雨水转化为生活用水，住宅内部自行分解废弃物，并强调与周围环境的和谐共生。其后逐渐演化为自维持街区和自维持城市。自维持理念旨在强调区域范围内物质与能源的最大化利用，其核心在于生态循环系统的构建：通过一定的技术手段，利用区域内现有资源满足自身需求，并消化自身产生的废物。该理念与可持续发展思想具有相似性，是实现可持续发展的一种良好手段。

4）产业生态学

产业生态学兴起于20世纪80年代，在可持续发展思想的推动下，站在资源短缺和环境约束的角度来审视人类生产活动及其与资源、环境之间的关系。主要内容是研究社会生产活动中自然资源的完整代谢过程，利用产品制造者、消费者和废物处理者之间的协作，充分利用代谢过程中的每种物质，合理消纳产业废弃物，使产业转向环境友好型发展模式。中国作为一个传统农业大国，农业产业范围和务农人口数量庞大，当前中国农业发展处于转型阶段，农业生产和乡村居民生活之间出现了很多矛盾。产业生态学理论针对这些问题提出了合理的解决方式，这也是解决乡村问题的一项重要依据。

整合关于人居环境和乡村建设的前沿理论可以看出，前沿理论的研究视角都是基于传统人居模式的不可持续性而提出的。借助生态型基础设施构建合理的系统循环体系，充分发挥体系中每个节点上物质的作用，将物质的利用效率最大化，是倡导可持续发展的重要举措之一，也代表了当前人居环境理论研究的核心内容和超前视角，引导着未来人居环境的发展方向。

反观中国当代乡村人居环境建设，虽然基础设施建设正在迅速普及，但大多复制城市基础设施系统，这种不可持续的建设模式有悖于中国的可持续发展方向。乡村独特的资源条件和空间布局显示其发展规律符合前沿理论的核心研究内容，因此，追踪相关前沿理论的研究进程，了解并掌握其核心内容，结合中国乡村自身条件，提出合理的研究视角来引导学术界探索适宜中国本土乡村人居环境建设的理论研究，是本书的主要目的。

1.2　研究目的和意义

1.2.1　研究目的

本书旨在遵循我国的"节地增效惠民"举措，提出一种新观点和新思路，即重新定位农业，把它塑造成农村可持续发展的核心要素和动力引擎，将农业生产与村民的生活空间与技术重构，创建一个资源代谢优化的乡村绿色人居单元，为北方传统农区的农村探索一个集成解决经济、社会和环境问题的微观机制和创新道路。

本书着力解决的理论问题是：通过对绿色人居单元规模、结构及代谢的分析研究，探索生态农业在乡村产业发展、景观营造、能源供应、垃圾管理、养分循环中的作用机制，科学构建基于农业、"三生一体"的"乡村绿色人居单元"的理论模型，阐明其内涵、构成要素、结构层次与特征、空间与技术模式，并论证其对北方传统农区、农村全面可持续发展的适应性。

在实践层面，本书研究的核心目标是：提出符合北方传统农区、农村的资源环境条件和发展需求的人居环境生态技术策略及市政基础设施模式，以及有效推动生产、生活互补共生及资源跨界循环和转化的空间模式的发展。

1.2.2　研究意义

"建设社会主义新农村"可以认为是可持续发展的实施战略，其实质是重构乡村人居环境。但是，中国广大农村如何重构人居环境，总体上仍缺乏理论研究和现实探索。在缺少足够经验和审慎研究的情况下，当前农村人居环境的改良普遍模仿城市做法。城市模式较难有效支撑村民传统生活习惯和生产方式，通过田野调查可以发现农村住区新的空间面貌背后隐藏着诸多问题。

乡村居住区呈现出以农田和自然地貌为底、高度分散的点状独立单元空间形态与布局特征，居民点适度合并也不会从根本上改变这一特征，这导致集中式市政设施不具备经济可行性。因此，以趋近自维持的人居单元形态为前提，进行乡村居住区的可持续空间与技术模式探索，是农村人居环境建设应该选择的理性道路。乡村居住区面对的环境要素、资源条件、社会结构、担负职能等问题与城市居住区相比有明显区别，更应强调功能综合性和一体化，这里不仅仅是居住之所，更应成为一种"生产、生活、生态"兼容的多功能空间。在合理构建要素关系、科学选择建设模式的前提下，有可能发展成为与城市互补、独具魅力和富有竞争力的新型人类家园。

乡村的根本特征在于对农业的强烈依赖，农业在其经济、环境和社会文化各层面中扮演着根基性、全局性和关键性的角色，在作为国家粮食安全关键支柱的我国北方传统农区，这点尤其显著。这些地区往往工业化水平较低，经济欠发达，居民点仍普遍缺乏适宜的水、能源、环卫等基础设施，是乡村绿色规划模式研究和实施的主要领域。基于上述背景，在前期研究的基础上，立足农业这一根本，把农业生产与农民生活、农村生态环境等乡村人居环境建设问题有机关联起来进行整合研究，构建"生产、生活、生态""三生一体"的北方传统农区绿色人居单元建设模式，以期突破城市价值统领和乡村城市化发展模式，探索一条符合北方传统乡村的资源环境条件和发展需求的人居环境建设之路，为"生产发展、生活宽裕、生态良好"的农村可持续发展总体目标做出贡献。

1.3　国内外研究动态

1.3.1　关联人居环境与生态农业的理论研究

我国学者首先提出了"生产、生活、生态"的三生功能，这一表述方式因科学表达出农业与人居环境之间的内在关联性，被广泛引用为农业和农村可持续发展目标的基本框架。西方学者则把同样的理念建立在农业生态学和永续农业理论的基础上。农业生态学家史派克（2003）和弗罗伊登博格（2010）均指出，农业生态学不仅可以解决农业生产可持续发展的问题，也将人居环境与农业生产系统结合起来考虑，所以还可以用于指导人居环境建设。由比尔·莫里森等（1988）提出的"永续农业（Permaculture）"理论，发展出一套整合农业与居住区的规划设计方法，希望通过生产、生活与生态融合一体来创建永久的人类文明。欧美国家在 20 世纪 70 年代兴起的生态村，与永续农业在思想上高度一致，其显著特点是在村里大量种植经济作物来实现绿化，将被动式太阳能、良好的步行环境、自然排水有机地整合成一个完整的生态系统。在日本，根据农村地区受城市影响的不同，日本学者竹内等（1998）把生态村视为一个自我支持区域(self-supporting area)，设计了大城市边缘区、典型农业区和偏远山区三种生态村模式，分别提出资源代谢的技术模型，为日本农村地区可持续社区和聚落的发展提供了指导。

20世纪80年代，生态农业开始在我国农村落实和应用，我国农经领域的学者不断扩展生态农业的内涵，逐步发展出以生态农业为核心手段、以复合生态系统为理论基础的农业与乡村人居环境一体化的"生态村"理论及"生态农村"理论。卞有生（1988）较早开展了对留民营村生态农业系统的研究，为生态村理论发展奠定了基础。翁伯奇等（2000）指出，生态村是指在一个自然村或行政村范围内充分利用自然资源，加速物质循环和能量转化，以取得生态、经济、社会效益同步发展的农业生态系统，生态村的建设内容不仅包括生态农业，还有生存环境的改善、宜人乡村景观、物质和精神生活的提高等，以实现绿色村庄建设和农业经济发展的整合，达到生产、生活、生态的高度统一。张大玉等（2006）结合规划实践，重点研究了生态村的村庄规划和住宅设计问题。陈亚松（2011）概括了我国生态村建设的四种模式，并对其基本原则和技术构成进行了总结。

1.3.2　农业生产与人居环境一体化的空间研究

国内外均开展了相当数量的将农业生产空间与人居空间进行融合的实践性研究，西方工业化国家主要探索农业与城市人居空间一体化的城市农业规划设计理论与实践。赵继龙、陈有川等（2011）以人居环境科学的视角对中外城市农业研究进行了系统回顾，并指出未来的发展方向。维尔乔斯（Viljoen）等（2005）提出将城市农业融入城市公共空间并加以连贯，作为可持续城市基础设施的一个基本要素。2009年，安德雷斯·杜安伊与伊丽莎白·普拉特夫妇（DPZ）提出农业城市主义（Agrarian Urbanism），重新思考了城市居民与土地、农业及居住区的关系，并针对美国城市特点建构起农业与郊区住区融合的圈层式布局的系统方法。巴特（Bhatt）负责的"创造食用景观（Making Edible Landscape）"项目，是在发展中国家进行融合农业到低收入居住区的设计实践。另外，一些学者致力于在微观尺度上将农业生产与城市住宅或场地融为一体进行设计探索，因此出现了克里莫（Klimor）的农耕住宅、SOA建筑师事务所的生命之塔等居住建筑与农业一体化的设计实践。

我国学者则主要立足农村院落尺度，在庭院生态经济模式基础上展开各个角度的探讨。20世纪80年代初，云正明等率先提出"农村庭院生态系统"，该系统以户为单位，将庭院作为我国农村经济的最小单元，并以可持续发展为理念，通过一些工程措施，在居住庭院内进行种植、养殖、无土栽培等农事活动，发展自给自足的生态农业。卢良恕（2006）对我国各地出现的"三位一体""四位一体""五位一体""六位一体"等庭院生态模式进行了技术总结。李东升等（2008）结合具体实践案例，探讨了新农村庭院农业与景观一体化的模式。

1.3.3　农业生产与人居环境一体化的技术研究

在西方城市农业研究领域，一些学者侧重于农业与城市住区一体化的技术体系研究。研究者认为，农业除生产食物、提供绿色开放空间外，还兼任能源供应者、水缓冲器和生活垃圾处理器等多重角色。荷兰发展出以农业温室作为能源生产设施，为住宅提供采暖的一体化技术。罗林（Röling）等（2005）提出可持续植入理论，将城市农业作为功能组件嵌入城市基础设施系统，以果园为绿地，在社区中心集成"沼、热、电"联产设备，集中处理农业和生活废弃物，生活污水则通过鱼菜共生的生命机器予以生物处理，在农业参与下，构建了一个极富创新性的市政设施系统。瓦赫宁根大学（WUR）在阿尔梅尔（Almere）城市中心区一块250公顷的地块上，持续开展纳入城市农业的居住社区设计研究，设置了有机农场、农贸市场等若干农业生产区与供应空间，并与污水和垃圾处理设施连接为新型的生态卫生系统。德国技术合作公司GTZ在全世界推广生态卫生系统，并把农业作为有机垃圾再利用和养分回收的系统组件。

王莹、姜振秋、周中仁等对庭院生态系统以沼气为纽带的能源模式进行了研究。农村也出现了使用效果良好的"八位一体"民间生态建筑实验。我国的生态村模式也引起了西方学者的关注，斯科特（Scott，2003）对北京留民营生态村的生态循环体系进行了深入研究，并提出了技术体系的优化模型。张磊等（2010）总结了发达国家农村分散式污水处理的技术模式，提出农业作为绿色基础设施与农村分散式居住相结合的优势。

1.4　构建"三生一体"的乡村人居环境认识框架

1.4.1　"三生一体"的含义

"三生一体"是生产、生活、生态一体化的简称，这一表述方式最早由我国学者提出，用以表述水稻田的多重利用价值。因其科学的表达出农业和人居环境之间的内在关联性，被学者和政府广泛引用，作为农业和乡村社会、经济、环境可持续发展总体目标的表述框架。其中生产、生活、生态三个概念分别对应人居环境中的农业、居住区和自然环境三个独立系统。在宏观层面把人类利用物质与环境的需求与限制的关系划分为生产、生活、生态三要素，将其作为乡村人居环境的本质，辨明其发展的方向。

1.4.2　"三生一体"在乡村绿色人居单元中的意义

在现实生活中，任何单元都要按照某种特定的秩序来配置所需的要素，才能实现其特定的功能，犹如钟表，所有的零件必须协调合作才能运行。乡村人居单元的特定功能由其在人类社会可持续发展中的作用限定，也受资源环境等外部条件的制约，在两者的影响下形成的就是趋近自维持、富含微循环的绿色生态人居单元。为了实现这一目标，需要以产业生态学为指导，以互补共生为基本原则，遴选构成要素与科学构建要素之间的关系。

　　农业生产、居民生活、环境生态即是本节为乡村绿色人居单元配置的宏观要素，"三生一体"则是为其搭建的宏观结构模式。

　　生产，尤其是农业生产，是乡村发展的基础，基于国家粮食战略安全的考虑，其重要性不言而喻，它是乡村发展无论如何都不能轻视的重大任务；生活是乡村发展的终极目标；生态则是乡村发展的过程要求和基本保障。"三生"的关系是涉及人类社会可持续发展本质的重大命题。自工业革命以来，在资本主义社会观的主导下，经济增长和生产至上的逻辑使人类社会严重脱离了营造美好生活品质的宗旨，更忽视了维系生态平衡的重要性，生产发展总是以牺牲生活品质和破坏生态环境为代价（图1.5）。生产、生活、生态的脱节和隔离，是现代城市发展的主要问题，导致人类社会不可持续的畸形发展。在当今资源环境的约束下，重新思考"三生"的关系，并回归"三生一体"的发展模式，是人类社会可持续发展的必然选择。

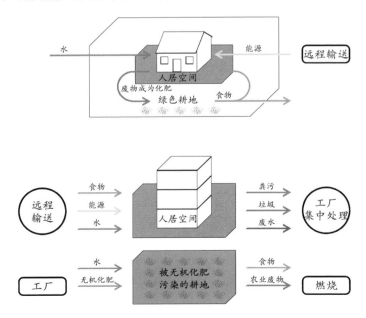

图1.5　传统乡村（上）与现代乡村（下）的生产、生活差异

　　在中国数千年的乡村发展过程中，"三生"始终高度融合，造就了乡村特有的社会经济和生态模式。但是当前由于工业化、城镇化进程中的条块分割，人居环境领域总是致力于生活居住系统的物质环境构建，以建筑单体节能和生态化发展来解决环境问题；农业经济领域则致力于

农业生产系统的构建，用生态农业或循环农业的思想来解决环境问题，这使得生产、生活的整合思考和实践趋于瓦解，生产、生活趋向隔离（图1.6）。这种隔离的后果必然是乡村模仿和因袭城市发展模式，这样的结果与符合自身特征的发展道路渐行渐远，失去了人类社会所需的特质。

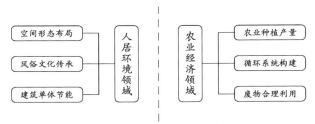

图 1.6　人居环境领域与农业经济领域的研究差异

在工业化、商品化的背景之下，城市聚居地维护自身运行所需的物质能量来源地远远跨出了自己的空间边界，致使其腹地扩张至全国乃至全球。因此，作为人居单元的城市，为其设想一种闭合循环的结构已属奢望。与城市不同，村庄由于尺度小、工业化和商品化程度低，对物质的需求基本能够达到自给自足，并且有确定的农业用地，拥有构建闭合循环的优异条件。

思考乡村人居环境问题，需要从单纯的村落和生活聚居地扩展出去，考虑生产系统和周边农田甚至自然生态系统，构建"三生一体"的复合系统，让乡村人居单元在要素和结构上异于城市人居单元，这既是保存乡村特质的需要，也是乡村生态发展的需要。

生产系统内部及其与生活系统间具有资源上的互补共生关系。农业生产为人的生活提供食物，农田消纳来自生活系统的垃圾；人畜粪便和有机垃圾能够通过一定措施转换为农业生产所需的养分和生活所需的能源；生活污水中的养分也可以被农业直接利用。这些发生在两个系统间的转换都是符合生态原理的自然过程，几乎不需要人工干预。通过社会、技术、空间的合理组织和科学设计来连接两个系统，促进养分、水与能量的跨界流动和循环代谢，能够大幅减少人居单元对环境的依赖，实现趋近自维持（趋近零能耗和零排放）的生态目标（图1.7）。

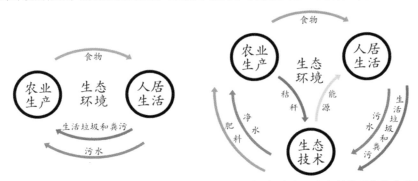

图1.7　传统乡村（左）与现代生态乡村（右）中生产、生活、生态三者之间的互补共生关系

1.4.3 生态学原理在乡村绿色人居单元中的作用

1）生态学原理对乡村绿色人居单元的启示

生态学原理的基本特征印证了自然生态系统是自然界绿色、健康且能可持续发展的物质能量流动方式，使其成为人工系统为达到生态目的所追求的最终目标。一个完整的自然生态系统需要广阔的土地来满足生产者的生长需求，也需要多种类型的消费者来满足能量的梯级流动，反观乡村绿色人居单元，拥有大面积的农业耕地，也拥有以人为最高级消费者的多层级消费者。乡村绿色人居单元拥有和自然生态系统同样的资源条件，而且其构建目的又和生态学原理的基本特征相符，因此可以推测，模仿自然生态系统的生态机理是架构乡村绿色人居单元内部循环系统的有效途径。

2）乡村绿色人居单元的生态系统结构

乡村绿色人居单元的生态系统是指在单元内部通过一定形式的物质与能量传递过程而联系起来的相互影响的生物与非生物物质。不同于其他类型的生态系统，它拥有自己独特的系统结构与使用功能。从组成上看，乡村绿色人居单元的生态系统由三个子系统构成，分别为自然生态子系统、人居生态子系统和农业生态子系统。

自然生态子系统存在于地球上的每个区域，无论该区域是否存在人类活动。乡村绿色人居单元中的自然生态子系统与纯自然生态系统具有很大的相似性，由于人类活动的干涉，其地域范围和物种种类相对较少。

人居生态子系统属于人工系统，由单元内的非农活动构成，主要用来满足人类的日常生活需求。在这里，传统自然生态系统的结构发生了根本性变化，人类自身活动成为影响该系统运行的最主要因素。该系统的主要特征为需要依靠大量能源与物质的输入才能稳定运行，而最终也会排出各种废物。

农业生态子系统是一种半自然半人工的生态系统，它既受到自然规律的制约，同时又依赖人类的活动来保证生产。农业生态子系统中的生产者将太阳能转化为食物中的能量，这些能量最终直接或间接地流动到人的体内。因此可以说，农业生态子系统没有多样性，而是完全按照一种方式来运行的。

3）乡村绿色人居单元的生态学原则

乡村绿色人居单元如要达到生态学原理的基本要求，那么其在构建过程中必须满足以下三个原则：

第一，自我维持能力。乡村绿色人居单元的构建不能给外界带来压力，因此需要依靠自身的资源条件满足人的需求。这种自给自足不是传统上的生产多少用多少，而是以一种动态平衡的方式进行，例如，无论外界向单元输入多少电能，最终单元都要通过自身发电将等量的电能输出到外界环境中，以达到不消耗外界能量（太阳能除外）的目的。

第二，无任何废弃物产生。乡村绿色人居单元的废弃物主要来自人类活动，其中的有机垃圾中蕴含了大量能量，如果盲目丢弃，会造成环境污染和资源浪费。借助合理的技术手段以及农田良好的消化能力，能够有效地将有机垃圾中的能量转化为可以利用的能源，剩余的无机物又能作用于农田，既能达到物质循环的目的，又可以避免将废弃物排放至外界。

第三，健康与可持续发展特征。由于乡村绿色人居单元并不需要化石能源及其他资源的输入，仅依靠农作物将太阳能转化为物能保存在植物中，又能较好地消纳废弃物，因此单元内部是一个健康的绿色人居环境。农作物的循环生长能够源源不断地将太阳能转化为物能，持续稳定地为单元提供物质与能量，因此能够良好地满足乡村绿色人居单元对可持续发展的要求。

1.5 乡村绿色人居单元的概念

早在 1997 年，中国就将可持续发展战略确定为"现代化建设中必须实施"的战略，然而纵观中国近年来的发展历程，虽然大力推行可持续发展战略，但取得的效果却并不明显。资源浪费、环境污染、气候恶化等现象虽受到高度重视，但至今依然没有有效的措施能完全遏制它们。人居环境作为人类生存的主要场所，更是受到资源环境问题的严重困扰。学术界对于人居环境的研究由来已久，其研究对象主要集中在城市区域，试图扭转当前的局面，构建适宜人类生存发展的人居环境。

每个城市的发展都经历了一段漫长的过程，该过程是不可逆的，其框架与结构都已完全固定，纵使提出一种符合可持续发展要求的整体思想，短时间内也难以取代原有的城市建设体系。若要彻底改变当前的人居环境建设模式，就必须寻找合适的对象，在其建设之初就利用可持续发展建设体系进行引导，进而完成整体建设。乡村作为一种未被现代化建设模式完全染指的自然聚落形态，具有独特的资源条件和发展历程，或许能够成为合适的研究对象。

1.5.1 人居环境建设现状与反思

1）人居环境建设现状

随着城市化、城镇化进程的不断加快，人类对于人居环境建设的需求也越来越大。这种需求直观地体现在城镇化水平上。据统计，截至 2013 年底，城镇人口占总人口比重为 53.73%，并且该数值在未来很长一段时间内会不断增长。《中国发展报告 2014》的数据显示，我国城镇化水平在不断增高，到 2020 年，城镇化率将达到 60%，2030 年将达到 70%。城镇化的快速推进迫使人居环境建设速度不断加快，为了缩短建设周期，套用城市人居环境建设模式已成为常态。由于大量人口将脱离农村并迁移到城市和城镇，农村聚落的数量急剧减少，多个农村合并形成的城镇聚落越来越多，因此，人居环境理论研究更多集中在城镇发展视角，很少将目光转向乡村建设之中。很多基于农村人居环境建设的学术研究也认为，农村人居环境建设应与推进小城镇建设综合考虑，促进城市基础设施应用到乡村建设中去。城镇化的快速推进和乡村建设理论的缺失，导致传统的城市建设模式成为当前人居环境建设的主流模式。

传统的城市建设模式基于一套复杂的基础设施系统构成（图1.8）。该系统呈集中式布局，能源、资源等通过大型基础设施生产并输出，经由分散到各处的管网输送到各个终端（用户）（图1.9）。由于没有物质（食物、水、燃料、原料等）生产能力和自身消纳能力，因此该系统的运行完全依赖于外部环境的物质输送，系统产生的废弃物也会排向外界环境（图1.10）。该系统具有三个主要特征。

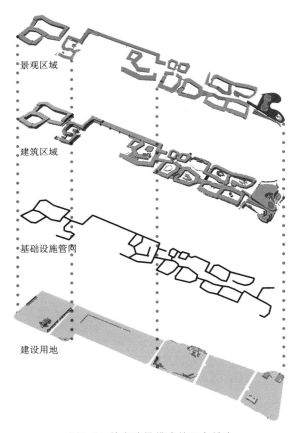

图1.8   城市建设模式的四个层次

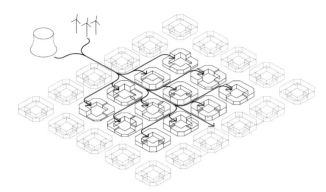

图1.9 集中式能源系统

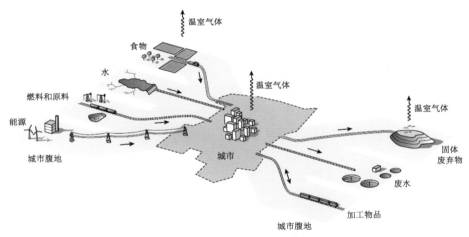

图1.10 城市系统的运行模式

第一,物质的线性代谢。物质代谢是大自然的基本规律,也是人类与自然界进行交流和沟通的基本手段。工业社会之前的城市代谢是一个闭合的养分循环过程,人类生活中的废弃物以肥料的形式返田,农田生产食物供应给人类。随着集中供排水系统和垃圾集中回收处理方式的出现,城市的代谢过程也发生了本质变化,养分由田间输送到城市之后,不再以废弃物的方式回田,城市由原来物质循环系统中的一个环节,变成单一的垃圾排放者和资源消耗者,造成了养分、资源的线性代谢和单向流动。

第二,能源的长途输送。能源是维持城市系统正常运行的动力,也是现代文明高度依赖的生存要素。能源的长途输送主要体现在两个方面:一是原料的长途运输,由于能源的生产大多依靠化石燃料的燃烧,而化石燃料的分布位置有限,因此燃料的供给需要借助运输工具的远距离输送完成;二是能源的集中式管网供给方式,这种供能模式是当前城市基础设施建设的主要模式，经发达国家的长期使用验证，成为当前中国在城市建设中普遍采用的模式。

第三，规模的无限扩张。中国城市的发达程度往往和其规模呈正相关关系，城市不断侵吞周边的农村地区，无节制的扩张带来了人口的增长和用地的紧张，同时要求城市系统的规模也要相应扩张。由于系统的生产设备相较于运输管道造价昂贵，因此系统大多不会另造新的设备来扩张，往往是在原有系统的基础上继续向外延伸，带来的是更为遥远的能源输送距离。

2）人居环境建设面临的困境

表面上看，城市建设模式依靠良好的规划和完善的基础设施优化了人居环境，同时为人类生活带来诸多便利，是乡村和城市居民都很向往的居住模式，但是在这种便利的背后，却显示出诸多深层次的问题。

（1）环境恶化问题

物质的线性代谢方式导致了严重的垃圾问题。有数据显示，地球上75%的生活垃圾来自城市，在城市生活垃圾中，有机垃圾占据约为一半的比例，但绝大部分被送入垃圾填埋场填埋或者被弃入江河湖海和山野田林中，造成严重的环境污染，危害人类健康，只有极少量以肥料的形式返回农田（图1.11）。农业耕种土地将土地中的养分转化为食物供应给居民，但自身的养分因得不到补充而被逐渐"榨干"，只能依靠化学肥料补充耕地的肥力，对土壤和水源都会造成污染。城市中的热、电等能源需求依赖于化石燃料的燃烧，对空气环境造成的污染十分严重，导致近年来热岛效应、空气雾霾等现象普遍出现（图1.12）。

图1.11　城市中的垃圾海

图1.12　雾霾对城市的影响

（2）资源短缺和浪费问题

首先，城市对于化石燃料的需求量巨大，消耗了大量的不可再生资源，《世界能源统计年鉴2013》显示，当前地球上的化石能源危机日益紧迫，并且这一数据还是建立在当前的消耗基数上，随着消耗量的逐年上升，使用年限将会更少；其次，物质（原料、食物等）在远程运输过程中消耗的化石能量远远大于其自身能量，对此英国学者提姆·郎（Tim Lang）提出食物里程的概念，用来显示食品在运输过程中对环境造成的负面影响，研究表明，食物在远程运输中消耗的能量远高于自身所含能量，这一过程不符合可持续发展的要求；再次，电、暖等能源在经由管网系统运输的过程中存在能量损失问题，距离越长，能量损失越大，如果将整个运输过程中的能量损失进行核算可以发现，损失的能量甚至要高于最终被利用的能量，这也间接造成了资源的浪费。

（3）基于生态足迹的环境预测

随着人口剧增、资源过度消耗、环境污染、生态破坏等问题日益凸显，人类逐渐认识到，生态系统的自我维持和调节能力存在上限，人类的可持续发展必须建立在生态系统完整、资源持续供给和环境长期有容纳量的基础之上，并由此提出"生态承载力"和"生态足迹"的概念，试图通过直观的数据进一步阐述这一问题。生态承载力指在某一特定环境条件下某种个体存在数量的最高限值。生态足迹指维护城市运行和消除其废物所需资源的具有生态生产力的土地面积。研究数据表明，在 1961 至 2010 年间，地球的人均生物承载力由 3.2 全球公顷减少至 1.7 全球公顷，与此同时，人均生态足迹由 2.5 全球公顷增至 2.7 全球公顷，超过了地球生态承载力的 50%。40多年来，人类对自然的需求已经超过地球的可供给能力，要有 1.5 个地球的资源再生能力，才能生产所需要的可再生资源和吸收其所排放的二氧化碳。

就当前情况来看，我国正处于高速发展时期，随着居民生活水平的不断提高，人口规模的不断扩大，生态足迹总量不断增长（图 1.13），并且生态足迹对城镇化水平的依赖十分明显，两者之间呈正相关关系（图 1.14）。《中国生态足迹报告 2012》指出，2008 年，中国人均生态足迹为 2.1全球公顷，增速达到每年 7%。若继续按当前模式发展，到 2030 年，中国人均生态足迹和生态承载力将分别为 4.4107 全球公顷和 1.5449 全球公顷。可见，如果不改变现有的发展模式，可持续发展将面临更加严峻的考验。

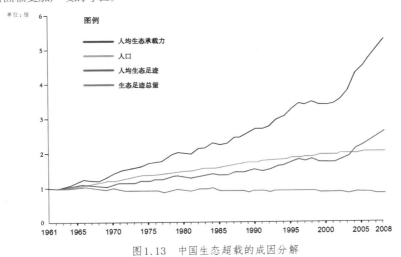

图1.13 中国生态超载的成因分解

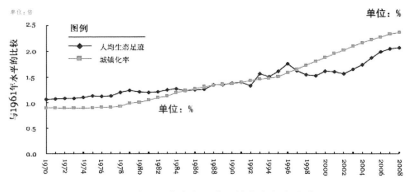

图1.14 中国人均生态足迹和城镇化率的关系

3）问题的反思

当前人居环境建设中产生的种种困境预示着其需要一种彻底的改变，但是应该从何处着手，才能扭转当前大环境下生态恶化的局面，有效抑制环境污染、生态恶化、资源浪费等问题，建立人居环境和自然环境之间良好、可持续的关系，是人居环境研究需首先解决的问题（图1.15）。

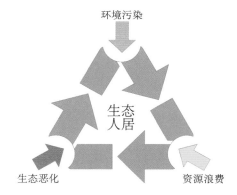

图1.15 生态人居环境建设现状与未来可持续发展模式

可以看出，人居环境建设中的种种弊端，都是基于城市人居环境建设模式而产生的。城市作为人类生活的基本载体，其发展历经了近100年的不断探索和创新，并运用了最先进的科学技术，最终形成了一套以集中式管网为城市基本框架的建设模式。基于当前城市运行发展的状况，该模式是完全失败的：对于居民生活环境来说，其的确带来很大便利，但是这些便利是完全建立在不顾及终端处理的基础上实现的，这也是人居环境严重恶化的直接原因。

在人类活动的干涉下，城市系统已逐渐成为一种不可逆的人工系统，并且其系统要素与结构形态已基本固定。所以在改造过程中，很难用新的代谢模式取代原有的系统框架，也就很难解决城市的生态问题（图 1.16）。由于乡村还没有完全陷入城市模式，相当一部分地区的乡村人居环境建设依然处于原始阶段，因此，与城市相比，乡村环境较少受到现代文明的冲击，保留了传统的生活方式，蕴含了很多传统生态智慧，生态模式基本契合自然生态系统。此外，基础设施匮乏，拥有很大的建设空间。最重要的是，乡村不是单纯的消费者，不仅为城市提供食物和原材料，还能良好地消纳有机废物，为生态系统做出贡献。从这个层面来看，乡村的生态化不仅是维持自身生态稳定的要求，也关系到城市和全社会的生态安全。基于乡村独有的特性，改变乡村人居环境建设模式显得尤为重要，因此从乡村人居环境建设研究的角度入手，再将研究中总结的经验应用到更复杂且根基更深的城市建设中去，是一条适宜的人居环境科学改良道路。

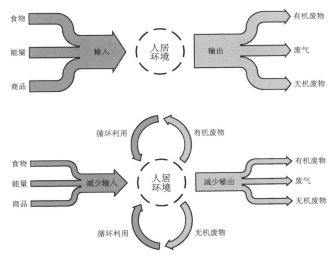

图 1.16　城市人居环境的线性代谢（上）与循环代谢（下）对比

4）乡村人居环境建设的目标与机理

乡村人居环境建设的目标在于彻底解决其所面临的生态环境问题和生产生活问题。为了实现这一目标，其建设模式必须区别于当前的城市建设模式，从单纯的消费系统转变为兼顾生产与消费的综合系统，通过系统内部协调共生的关系，使其变成一种无害于自然，非常趋近于自我循环代谢的系统。

因此，乡村人居环境建设的内在机理必定是一种能够自维持的循环代谢系统。该系统需建立在产业生态学的基础上，依靠一定的措施（增加新的要素或者借助技术手段）重新构建，从生产与生活的隔离转变为生产生活一体化，从线性代谢模式转变为循环代谢模式，通过要素之间的互补共生实现资源的输入最小化及对环境的影响最小化，借此提高系统内部各要素之间协调共生的关系（图 1.17）。

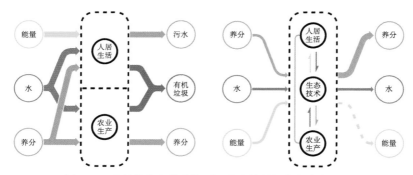

图1.17　乡村传统代谢系统（左）和乡村理想代谢系统（右）

1.5.2　乡村绿色人居单元的科学基础

通过对现状的反思可以看出，架构新的物质和能量代谢体系，是本书针对现有的人居环境建设模式提出的改良方法。一种代谢体系若要运行的良好，必须具有一个相对完整且独立的系统，因此在本书的研究过程中需要借助系统论的基本思想。另外，生物学和生态学基本原理与本书构建核心有着紧密的关联，既是本书的研究过程中的重要依据，也契合本书的研究目的。为了后文更清晰地阐述乡村绿色人居单元的含义，有必要在此之前将这些原理对本书的引导作用进行简要说明。

1）系统论原理

（1）系统的整体性和层次性

整体性是系统最基本的一种特性。系统之所以成为系统，首先必须要有整体性。钱学森认为："系统是由许多部分组成的整体，所以系统的概念就是要强调整体，强调整体是由相互关联、相互制约的各个部分所组成。系统工程就是从对系统的认识出发，设计和实施一个整体，以求达到我们所希望得到的效果。"可见系统整体性的重要性及其实践意义。

层次性是指，由于组成系统诸要素的种种差异，包括结合方式上的差异，从而使系统组织在地位与作用、结构与功能上表现出等级秩序性，形成了具有差异的系统等级。层次的概念就是用来反映这种差异的不同系统等级或系统中的等级差异性。系统是由要素组成的，一种系统被叫作系统，实质上是相对于它的子系统即要素所言，而它自身则是上级系统的子系统，也就是上级系统的构成要素。由此可见，系统与其子系统之间是一种整体与部分、系统和要素之间的关系。

还原论认为宇宙是一个机械系统，最终都能还原为在一个决定性力量控制之下的个别微粒的行为，从而简化研究对象，以便更容易、更清晰地解释科学的结果。在针对一些有机生命系统的分析中，简单的分解和还原无法解释复杂系统或有机整体的功能和性质，所以必须站在系统整体性的水平上，综合了解系统发生、发展、演变的过程，才有可能真正把握事物的内在规律。

本书的研究思想和当前城市无限扩张的模式大相径庭，其核心是倡导利用自身资源构建小规模整体系统，该系统又作为上级系统的子系统，既要在各层级构建完整的系统，又要区分不同层次，使各层次之间相互关联、相互制约。因此在研究过程中需要同时利用"整体"和"还原"的方法，既要统一系统的整体思想，保证系统的协调发展，又要将复杂系统中的子系统孤立出来，研究其组成成分，而层次性原则恰好能作为连接两者的桥梁。

（2）控制论系统

控制论主要用于研究包括人在内的生物系统和包括工程在内的非生物系统，以及两者之间的系统内部联系、控制、组织、稳定、计算及其与周围环境的相互反馈作用。本书的研究对象是以生活、生产为主的生物系统和以基础设施为主的非生物系统，以及将生物系统和非生物系统融为一体的系统架构方式，因此控制论是必要的借助手段。

（3）社会、技术、空间的协同论

系统的协同论指出，当一个系统的内部结构、功能和使用方式协调发展时，其整体效应往往大于各部分效应的简单加和；相反，若各部分之间不能协调发展，其整体效应也会大大降低。由于本书研究对象的实质是一个复合且具有特定目的的生态系统，因此在研究过程中，必须在整体观念的指导下，深入分析系统内各子系统的性质、特点及相应关系，统一协调局部与整体、当前与长远、资源开发利用与环境保护之间的关系，在满足人的需求的同时，保障生态系统的良性循环和稳定发展。

生产、生活、生态是立足"人"这个核心，提炼性地描述人与所生活的环境间需求与限制的完整关系的一组结构性要素。向上，它能够对应可持续发展理论的社会、技术和空间，通过对三方面关键要素的合理抽取和重组，成为核心价值的承载者；向下，分别对应农业、住区、自然三大系统，以之作为物质载体；面向城市农业实施层面，可以打散重组为社会、技术与空间三个实践的保障性要素（图1.18）。实现社会、技术、空间三系统的协调发展，不仅要构建与功能相匹配的结构，也需要各系统之间的运行规律一致，只有充分考虑相互之间的关联性与协调性，才能保证系统整体的稳定运行和最大效率。

图1.18　社会、空间、技术三系统之间的协同作用

2）生物学原理

（1）自生原理

自生原理包括自我组织、自我优化、自我调节等一系列机制。生物的自生作用维持了系统相对稳定的结构和功能，使其能更好地适应对系统施加胁迫的周围环境，同时，系统也能经过一系列过程，提高环境的适宜程度。自生原理在传统自然村落中有明显的体现。它们像生命体一样，具有良好的机理与形态，与自然环境高度融合，并按照符合自然环境要求的形式生长。自生原理是对环境适应性的最佳阐释，如果人居环境能达到自我生长与调节，依靠自身生产养分和能源，也能够利用自身消化废物，便不会为外界带来环境和资源压力。

（2）细胞原理

细胞是生物体形态结构和生命活动的基本单位。其自身是一个完整的生命体，内部要素众多，结构同样复杂且互相之间存在高度协同作用。不同类型的细胞通过协同作用聚集在一起构成器官，而不同的器官最终构成生物体个体，由细胞到生物体个体的构建过程体现了一个系统如何由最低级最简单的单位通过层层的协同作用构建出最高级存在形式。细胞的生长方式不是个体的无限扩大，而是通过分裂的方式进行，说明细胞自身的系统机能存在限值，细胞只能在限值以内才能保持健康状态，如果超出这个范围，就会分裂出新的细胞，也就是一套新的系统。细胞的这些特性构成了一个具有完整机制的生物体，这种生存与发展方式在各个研究领域中都有一定的借鉴作用。

（3）生态学原理

① 生态系统的物质循环和能量流动。生态系统是指在一定的自然区域内，所有生物与非生物之间由于不停地进行物质循环和能量流动而形成的一个相互影响、相互作用并具有自我调节功能的统一整体。所有的生态系统都是由非生物环境、生产者、消费者和分解者四种基本要素组成，各组成要素之间通过物质的传递构成了生态系统的营养结构。营养结构具有循环性，具体表现为：生产者利用太阳能将有机体维持生命体征所需的要素从无机物的形式转化为有机物，被初级消费者食用之后，以层级的形式流向高级消费者体内，最后，动植物残体被微生物分解利用，以无机物的形式归还环境，供生产者再利用（图1.19）。物质的循环过程中必定伴随着能量的流动：生产者将太阳能转化成自身的化学能，通过食物链的作用，能量能够在各级生物之间进行单向递减的流动过程。

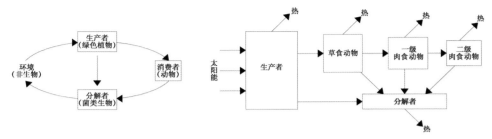

图1.19　生态系统的物质循环（左）和能量流动（右）

物质和能量带动了生态系统的运行，两者的区别在于：物质能够以不同的形式存在，用循环的方式不断参与到生态系统中，而能量在逐级转移过程中存在损耗，最终会完全消失。《中国传统农业生态文化》一书中详细描述了耕田施肥的整个过程，表明在农田不断耕作的情况下，只要及时补充各种养分，就可以保持土壤的肥力和农业的持续发展；而合理利用能量流动能够帮助人们调整生态系统中各要素之间的关系，使能量持续高效地流向对人类最有益的部分。所以在现代乡村人居环境系统的营建中，不要只把它看作一个承载人类生存的机制，更应当作是一个可以不断更新的有机体，而实现这一过程，有赖于农业有机废物的充分利用，这对于我们理解乡村人居环境建设具有非常现实的意义。

② 食物链原理。食物链是生物之间通过食与被食而连接起来的链状营养关系，其功能是把生物与非生物、生产者与消费者、初级消费者与高级消费者连成一个整体，将系统中的物质与能量从植物开始，逐级转移到大型肉食动物。生态系统中不同的食物链相互交叉，形成的复杂的网络式结构叫作食物网。生态系统中的物质流动和能量循环都是通过食物链和食物网进行。

食物链原理是生态学中一个十分重要的科学原理，其中蕴含了很多深层次的启示：如果改变食物链某个节点的内容，那么在该节点之后会相应得到不同种类的生物；如果让食物链中某个节点增大或减小，那么其后多个节点也会进行相应的变化；只要遵循生物学规律进行架构，食物链就会有多种组合形式。实际上，食物链原理和生态系统中物质能量的流动属于同一个流动过程，只是食物链是具象的表达，而物质与能量属于抽象的表达。在产业生态学中，为了优化生态系统内物质、能量的流动和转换过程，往往会利用增加环节或者改变链条流向的方式调节食物链的结构。同样，在人居环境建设过程中，只要构建适宜的食物链，将系统内部的各种废弃物都作为食物链上的一个环节加以利用，那么人居环境建设里的资源环境问题就能够很容易解决。

③ 生态学原理的基本特征。虽然地球上不同自然环境的外貌千差万别，导致自然生态系统也各有不同，但它们具有共同的生态学原理基本特征。首先是无任何废弃物产生。在生态系统中，物种与物种之间形成复杂的食物链和食物网，能量、物质在生产者、消费者、分解者及环境之间

流动并能够被逐级利用，无任何废弃物产生。其次是自我维持和调控能力。任何一个自然生态系统中的生物与其环境条件在经过长期进化适应后，都能使系统具有自动协调、控制和维持相互协调关系的能力，并在面临环境变化时保持相对稳定。第三是一定的地域性特征。生态系统包含地域和空间的概念，不同的空间生态条件下存在与之相适应的生物类群，反映了一定的地域性特征。最后是健康与可持续发展特性。自然生态系统为人类的生存与发展提供了良好的物质基础和生存环境，支持着全球生命系统。

1.5.3　乡村绿色人居单元的含义

如果乡村生活水平提高必须符合可持续发展的应有之意，那么，能够改变的只有生活方式。如果乡村需要一种高福祉的新生活方式，那就必须构建一套恰当的社会组织方式、代谢技术体系和空间布局结构来支持和配合它。单元即是这套恰当方案的概念化结果。

单元是系统，是一个有着清晰边界、完整结构、适宜规模和特定功能，能够独立运行、自成一体的系统。单元以功能为导向配置要素，各要素间按照一定方式相互作用、相互联系，共同组成一个有机、有序的整体单元。单元具有层次结构，一般存在不可再分的最小单元，小尺度单元往往又是它从属的更大单元的组成部分，例如构成人体的最小单元就是细胞，由细胞构成组织，由组织构成器官，同一类型的器官组成一套完整的系统，最终由多个不同功能的系统共同组成人体这个最高层级的单元（图1.20）。

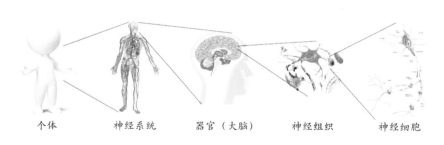

个体　　　　神经系统　　　器官（大脑）　　神经组织　　　神经细胞

图1.20　单元由低级到高级的组成示意（以神经系统为例）

乡村人居环境单元化建构是对人类长期智慧选择和经验积累导致的客观现状的尊重和传承。前工业社会的数千年间，乡村始终以村落为主要聚居形态，点状或斑块状散布于广大自然环境背景之中。村落始终有着清晰的边界，完整的结构和与土地养育能力相匹配的规模，是社会、技术、空间等多维度上的模块单元。时至今日，尽管在工业化和城镇化冲击下的乡村人居环境趋于质变和多样，但村落仍然并将一直是乡村社会的主要聚居形态类型。

　　单元化是对当前我国，尤其是山东地区正在变化着的乡村聚居形态的基本认可。由于近几十年来不断加速的城镇化进程，乡村衰败已成为无法回避的客观现实，很多村庄只剩老人，甚至不少家庭举家迁入城镇居住，村屋设施破败，农田撂荒（图1.21）。基于此（当然还有其他因素），政府近十年来一直在推动迁村并居，截至目前，山东省已拆除村庄20000多个，开工建设农村新型社区6000余个，引发了乡村聚居形态的巨变。此外，资本下乡也导致村庄的形态和实质产生变化，如与企业一体化的新农居、休闲观光农业园区的出现。所有这些都破除了村庄一统乡村人居环境的格局，乡村聚居形态变得空前多样。另一方面的缘由，则是单元自身内在属性决定了单元具有潜在的尺度层级，小到独户庭院，大到整个镇域，都有可能作为一个单元存在。只有用单元指代和统领这些多元化、多尺度的形态类型，才可以在理论高度上方便地展开讨论。

图1.21　　城镇化进程下乡村荒废的房屋（左）与农田（右）

　　单元化建构是划分、整理乡村人居环境，将其类型化和概念化的必要手段。有别于高度工业化和全球化的城市，乡村与其所处的地理、气候、文化和资源环境保持着紧密的关联，无法套用一个标准化的公式去解决问题。乡村人居环境的单元化建构，即在共性研究的基础上，审慎分类区别对待，因地制宜地制定策略，是推进乡村人居环境可持续发展的现实道路。

　　单元化是乡村绿色人居环境的生态策略框架。基于前述角色定位，乡村必须以创新的"社会—技术—空间"策略，减少对环境的依赖和冲击。最有效和直接的方式是按照生态学原理建构一个个功能单元，通过单元内要素间的互补共生和整体协同，把单元的资源、能源输入和废物输出降至最低甚至清零（图1.22）。在该作用机理中，最小单元作为一个最基本的单位，结构组成相对简单，依然需要外界的物质输送并向外界排除废物，其主要功能是满足单元内人的活动；中间单元作为最小单元的集合，其功能更加完善，不仅要满足人的需求，更需要提高单元整体的运行效率，减少外界物质的输入和输出；最高单元由不同结构功能类型的中间单元构成，其内部的中间单元之间构成一种互补的关系，能够更加合理地维持整体的运行，在这一过程中能够最大化地实现单元的自给自足，并能够完全消纳自身产生的废弃物，达到自身独立的目的。如果每个单元都能够通过自身合理建构，或通过相邻单元间的协同共生实现这一目标，那么乡村人居环境的整体可持续目标就可以达成。

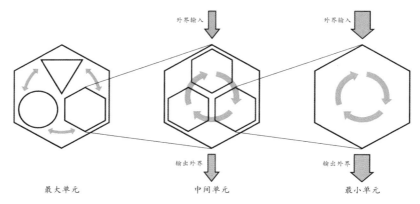

图1.22　乡村绿色人居环境单元化的作用机理

2 乡村绿色人居单元的要素结构

2.1 人居生活系统的要素结构与配置关系

在关于乡村绿色人居单元的研究中,其生产、生活、生态要求都要立足于"人"这一核心,自我维持能力和趋近零能耗的生态目标也是在满足人的需求的基础上来实现的。所以乡村绿色人居单元的系统组成中,首先要考虑有关人的直接需求的要素组成。人的直接需求即人的生活要素。人的生活要素包括输入部分的食物、水、能源以及输出部分的废水、粪便和有机垃圾。因此人居生活系统的要素结构如下(图2.1)。

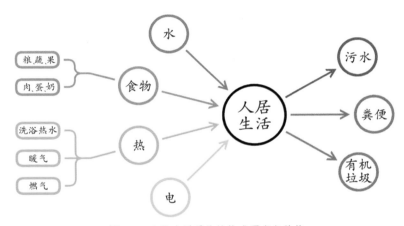

图2.1 人居生活系统的构成要素与结构

通过将田野调研数据和其他文章中的研究数据结合,本书对生活中各要素的取值标准如下:用电量为每人每天0.4度;用水量为每人每天100升;通过天然气与沼气热值之间的换算,确定沼气的人均用量为每天0.3立方米;食物的需求量根据《中国居民膳食指南》来计算(图2.2)。将各要素取值换算为年消耗量的数据见表2.1。

在输出部分,人居生活系统产生的废弃物包括粪便、有机垃圾和污水。其中,人的粪便日排放量为0.5千克,尿液日排放量为1千克;污水排放为生活用水量的75%~90%,本书将人均污水排放量确定为每天80升;有机垃圾排放量约为0.5千克。因此各排出要素换算成年排放量的数据见表2.2。

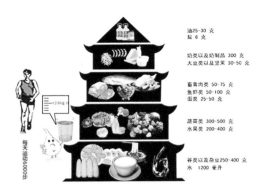

油25-30 克
盐 6 克

奶类以及奶制品 300 克
大豆类以及坚果 30-50 克

畜禽肉类 50-75 克
鱼虾类 50-100 克
蛋类 25-50 克

蔬菜类 300-500 克
水果类 200-400 克

谷类以及杂豆250-400 克
水 1200 毫升

图2.2　中国居民平衡膳食宝塔

表 2.1　各类要素的人均年需求量

种类	谷物	蔬菜	水果	禽畜肉类	鱼虾类	蛋类
消耗量（年）	146 千克	182.5 千克	146 千克	27.4 千克	36.5 千克	18.25 千克（365 个）
种类	奶类	大豆	水	电	沼气	—
消耗量（年）	109.5 千克	18.25 千克	36.5 立方米	146 千瓦·时	110 立方米	—

表 2.2　各类要素的人均年排放量

种类	粪便	尿液	污水	有机垃圾
排放量（年）	182.5 千克	365 千克	29.2 立方米	182.5 千克

2.2　农业生产系统的要素结构与配量关系

　　农业生产系统包括农作物种植和牲畜养殖两种生产内容，两者之间具有不同的输入和输出要素。

　　农作物种植是一个将无机物经由太阳能转化为有机物并将能量储存在其中的过程，在该系统中，输入的物质是满足植物生长的营养物质（肥料）和水，输出的是食物和农业废物（秸秆）（图 2.3）。不同的农作物种类之间存在很大差异，因此本书对各种农作物的食物产量、秸秆产量和肥料施用量都进行量化，以便于在构建乡村绿色人居单元的过程能够合理满足人的需求，并配置适宜的基础设施（表 2.3）。由于农业种植用水大多选择就地使用地表水和地下水，并不涉及供水和污水处理设施，所以并未将灌溉用水纳入研究范围之内。

图 2.3　农业种植系统的构成要素与结构

表2.3　各类作物的年产量和肥料用量

种类	玉米	小麦	谷子	水稻	蔬菜
产量（千克/亩）	428.5	403	200	561	3512.9
草谷比	2	1	1	1	0.3
秸秆量（千克/亩）	857	403	200	561	1053.9
肥料用量（千克/亩）	2000	1500	—	2600 - 3600	2000
灌溉用水（立方米/亩）	90	190	—	370	340
种类	油料	高粱	豆类	薯类	瓜果
产量（千克/亩）	293.2	212.9	163	511.5	3409
草谷比	2	1	1.5	1	0.3
秸秆量（千克/亩）	586.4	212.9	244.5	511.5	1022.7
肥料用量（千克/亩）	4000	—	—	—	1000 ~ 2000
灌溉用水（立方米/亩）	—	—	—	—	240

在乡村绿色人居单元的食物链中，牲畜属于初级消费者，子系统输入的部分为水和秸秆，输出部分是食物（肉、蛋、奶等）和粪便，因此其构成要素及结构如图2.4所示。该子系统中各要素所涉及的具体物质种类及各产量数据如表2.4所示。

图2.4　牲畜养殖系统的构成要素与结构

表2.4　各类牲畜的物质消耗与产量

种类	肉牛	奶牛	猪	羊	蛋禽	肉禽
食物消耗	秸秆 7300千克/年	秸秆 7300千克/年	沼渣 1460千克/年	秸秆 1095千克/年	粮食 36.5千克/年	粮食 36.5千克/年
用水量	18.25立方米/年	36.5立方米/年	14.6立方米/年	3.65立方米/年	0.365立方米/年	0.365立方米/年
食品产量	肉 250千克/只	奶 20千克/天	肉 70千克/只	肉 20千克/只	蛋 180个/年	肉 3.5千克/只
粪便产量（干物质）	7300千克/年	7300千克/年	2190千克/年	547.5千克/年	54.75千克/年	54.75千克/年

2.3　生态技术系统的要素结构与配量关系

生态技术系统是连接农业生产系统和人居生活系统的桥梁，其主要作用是消纳生产、生活系统排出的有机垃圾，并在此过程中生产能源来满足生活系统的需求（图2.5）。生态技术系统的种类多样，根据为人类提供的物质要素不同，可以分为三个部分：发电技术、供热技术和净水技术。其中供热技术又可以细分为太阳能、燃气、暖气等供热方式。在各种技术的作用下，原料不仅为人居生活系统提供物质和能量，其剩余物质还能够作为肥料回田。所以在生态技术系统中，各种不同的技术具有如下的量化关系（表2.5~表2.7）。

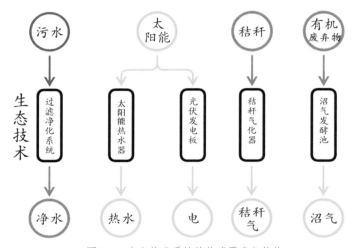

图2.5　生态技术系统的构成要素与结构

表2.5　各种废弃物沼气产量（立方米／千克）

温度	麦秸	稻草	玉米秸	青草	牛粪	马粪	猪粪	鸡粪	人粪
35℃	0.45	0.4	0.5	0.44	0.3	0.34	0.42	0.49	0.49

表2.6　1升水由20摄氏度到100摄氏度的能量消耗

天然气燃烧	沼气燃烧	电	秸秆燃烧	秸秆气化
0.01 立方米／升	0.016 立方米／升	0.12（千瓦·时）／升	0.022 千克／升	0.06 立方米／升

表2.7　不同方式的产电量

太阳能发电	沼气发电	秸秆发电
11 平方米／时／（千瓦·时）	0.67 立方米／（千瓦·时）	1 千克／（千瓦·时）

2.4　乡村绿色人居单元的复合系统结构

乡村绿色人居单元的系统结构是人居生活系统和农业生产系统两个独立的系统单元通过生态技术系统的连接作用而形成的一个复合型系统（图2.6）。该系统的目标是在最大程度上实现自给自足，但这并不意味着该系统能够完全不依赖外界物质。

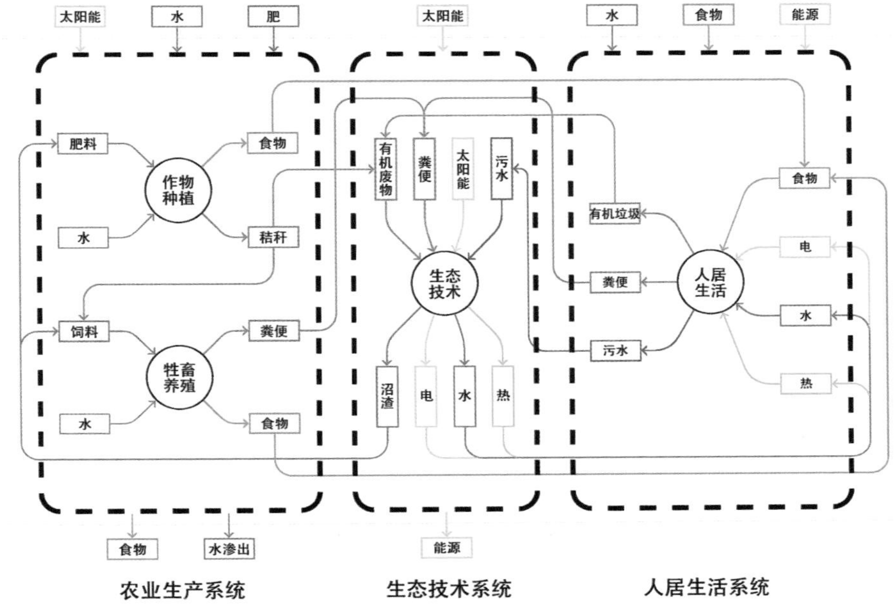

图2.6 乡村绿色人居单元的系统构成要素和结构

第一，该系统的农业生产部分和生态技术部分都需要借助太阳能的作用，其中农业生产系统能够利用生产者来储存太阳能并传递到食物链的各层消费者中，生态技术则可以依靠太阳能来吸收热量并发电，因此太阳能属于单元的外部环境对单元的稳定输入。

第二，水在该系统中并不是循环使用的。在农业生产系统中，水从河流或者地下被抽取出来用来灌溉农田，但这一过程中只有部分水被植物吸收，大部分水最终将渗入地下；在人居生活系统中，水也不能循环使用，因为人类对生活用水的要求很高，水被污染之后需要经过极为复杂和昂贵的工艺处理，才能再次达到饮用的标准。这种工艺是农村所不具备的，因此在人居生活系统中，一般采取梯级用水的方式来节约用水，污水处理设施一般会将污水净化到对环境没有危害的程度，然后将污水排入地下。因此，在乡村绿色人居单元中需要源源不断地输入水资源。

第三，在该系统中，能源的自给自足方式并不完全是自产自用，有些时候也会依赖单元外部输送的能量，同时自身也会生产相应的能量输送回外界。以电能为例，由于电的储存成本很高，在乡村绿色人居单元中，靠自身发电供单元内部使用并不具备经济可行性，并且自身产生的电能电压并不稳定，所以具有可行性的方案是外界向单元输送电能，同时单元借助生态技术措施发电，并通过国家电网将其输送至单元外部，达到一种动态的平衡。

第四，肥料在该系统中不能完全自给自足，还需要外界提供一部分。首先，乡村的根本职能在于为农村和城市居民提供食物，因此在乡村绿色人居单元中，食物将会源源不断地输送至外部，根据物质守恒定律，元素既不会凭空产生也不会凭空消失，所以随着食物从人居单元输出至外界环境，也必然需要外界元素对单元内部进行补充；其次，在物质的逐级传递过程中，必然伴随着物质的损耗，因此当物质到达最高层消费者（人）的同时，也会损失很大一部分，因此，需要借助外界环境的补充，才能维持单元内部系统的稳定。

第五，在乡村绿色人居单元中，食物的自给自足主要体现在日常的农业生产上，包括农作物种植和牲畜养殖，但是该系统依然需要外界向系统内部输入的食物。这是因为单元内部不可能生产出满足人类所有需求的各种食物，即便生产的种类多样，但食盐、糖、调料等工业产物依然难以满足。由于人居生活系统对于该类物质的需求较少，因此本书将该部分内容忽略，但是在描述乡村绿色人居单元的循环代谢系统上，依然将该部分内容标注出来，以保证乡村绿色人居单元概念的准确性。

由此可见，乡村绿色人居单元最重要的职能是达到生产、生活、生态一体化的要求。在该要求中，又包含若干内容，并先后有序。首先，乡村绿色人居单元要满足生活的需求，即对四种生活要素的需求；其次，乡村绿色人居单元要达到生态的目的，主要包括完全消纳人类活动产生的废弃物，制造绿色可再生能源代替不可再生的化石燃料；最后，满足生产的要求，即在为自身提供充足食物的基础上，向单元外部输出食物。因此，乡村绿色人居单元并不是一个完全封闭的自维持系统，而是和外界环境存在密切联系的系统。

3 乡村绿色人居单元的尺度层级

"乡村绿色人居单元"概念的提出能够较好地总结不同尺度规模之间的共性。为了明确"乡村绿色人居单元"的模块化作用，我们有必要对现实生活中的多种形态类型进行归纳，依据其基本特征划分出不同尺度的形态类型，并揭示不同层级之间的构建规律和内在关系。

乡村绿色人居单元作为一个独立运行、自成一体的系统，其构建以符合当前乡村居民生产生活的现状及要求为原则，同时须满足物质和能量的循环利用。物质和能量在传输过程中必然伴随着消耗，而合理的单元规模能够在满足单元内人的需求的前提下提高单元内部物质和能量的利用效率，实现生态环境效益的最佳。本章首先探讨乡村绿色人居单元能够趋近的最大尺度，进而通过总结乡村聚落中物质能量的循环利用方式，结合当前乡村发展的实际情况，探讨乡村绿色人居单元在符合社会发展要求的前提下所具有的不同尺度的规模。

3.1 确定单元尺度的意义和主要依据

3.1.1 确定单元尺度的意义

工业社会以前的数千年间，中国广大农村地区始终以村庄作为主要聚居形态，其活动范围也大多局限于村落之中，这主要是受到那个时代的社会交通能力和社会生产力的影响。时至今日，由于工业化、城镇化的冲击，以及机械化生产方式打破农业生产格局的影响，乡村人居环境发生了多样化的改变，虽然村庄依然是乡村人居环境最主要的形态类型，但多种不同的形态类型正逐渐兴起并开始普及。从田野调查的统计数据可以看出，社区、园区等形态类型的数量正在快速上升，这些类型打破了村庄一统乡村人居环境的格局，使得乡村逐渐呈现出多元化的发展趋势。

不同的形态类型在尺度和功能上具有很大差异。村庄作为最传统的形态类型，其主要功能在于维持村庄内居民生活的稳定，在此基础上为国家提供粮食；新型社区由于人口规模更大并且更加集中，其生产方式和社会组织也会相应发生变化；园区作为粮食和蔬菜的生产基地，区域内部拥有大面积种植场地，但居民数量稀少。为了让"乡村绿色人居单元"的概念涵盖现实社会中乡村人居环境的每一种形态类型，必须明确基于不同形态下的尺度类型。

中国正处于快速城市化的阶段，城市的数量和规模都在急剧扩张，乡村亦在以自己的方式逐渐变大。临近城市的乡村并入城市，远离城市的乡村开展合村并镇运动，种种举措都折射出当前"大就是好"的建设观念。

　　然而大真的就是好吗？1973年，英国经济学家舒马赫出版了《小的是美好的》一书，挑战了"大就是好"的传统观念，认为国家、城市乃至企业都不是越大越好，大型化会导致效率降低、难以管理、资源匮乏。相反，小单元相对来讲更容易实现沟通，便于处理好单元内部的关系，充分调动每个部分的作用，形成更加高效的组织。老建筑和街道由于包括不同类型的小空间，成为小企业最好的选择。小企业能为市民提供最便捷和灵活多样的服务，从而成为城市活力的重要来源。

　　同样，该理念也适用于乡村人居环境建设。如果人居单元的规模过大，则空间距离相对延长，物流的运输效率降低，主要表现在：供电、供暖等市政设施在传输过程中会有相当一部分的能量损失；距离的拉大增加了远程物质在运输过程中的经济成本和环境成本；规模过大易导致超出乡村居民的活动范围，不具备现实可行性。因此，为满足乡村人居环境的要求，必须将人居单元控制在合理的规模之内。乡村绿色人居单元合理规模的本质体现了可持续发展的思想：单元合理规模是将乡村绿色人居单元作为一个完整的生态系统来考虑，探讨的主要问题之一是在何种规模之下能够使系统最大限度趋于自维持状态，找到以生态技术为纽带的人居生活与农业生产之间的平衡点，为当前新农村建设中盲目无限度的开发提供限制性指标。

3.1.2　确定单元尺度的主要理论依据

　　乡村绿色人居单元的本质是通过构建趋近于自然生态系统的循环代谢系统来解决乡村建设及生产生活中的生态环境问题，因此乡村绿色人居单元的合理尺度必须建立在生态学的合理范围内，而生态学相关理论则是研究的主要依据。

　　循环代谢是生态学理论中最为普遍和核心的概念。自然生态系统之所以能够稳定地存在并且为各种生物的生存提供良好的环境，其根本原因就在于循环代谢系统合理稳定的运行。在生态学理论中有个基本原则叫作本地性原则（localicity），其主要内容是在自然环境中，生物生存所需的物质和能量能够完全从生物的生存范围以内获取，并且不会超越这个范围，该范围即是自然环境的合理尺度。由于乡村绿色人居单元的代谢系统趋近于自然环境的循环代谢系统，因此也要符合本地性原则的要求。

　　在前工业社会时期，人类对于物质和能量的需求完全依赖于就地解决，并在很大程度上做到了物质的循环利用和能量的梯级利用，实现了趋近自然界的代谢循环系统。中国传统生态农耕智慧中的养分循环就是最常见的案例。反观当前人类社会，随着交通运输系统的快速发展，物质的运输成为一种全球性的活动。马克思说，随着资本攫取经济利益的需求越来越强烈，以及工业革命和交通技术的发展，本地化的代谢尺度慢慢扩大到了全球。食物运输过程消耗的能量远远大于食物自身所含的能量，能量的浪费加剧了环境恶化的过程。全球生态恶化恰恰是代谢尺度全球化的结果。

重回代谢本地性，在一定地理空间范围内就地满足资源需要，并实现循环代谢，是解决环境问题的根本途径。本地性原则的概念虽不能确定乡村绿色人居单元的尺度，但却指出了合理的方向，同时它也是被学者从各个角度反复论证过的公认的生态信条。

3.2 乡村绿色人居单元的最大尺度分析

合理的尺度是构建乡村绿色人居单元过程中非常重要的一个环节。在当前的研究中，学者们大多将视线集中在循环再利用的要素和过程上，但鲜有人考虑循环利用中存在的尺度问题。尺度的不断扩大是一个弊大于利的过程，以基础设施为例，随着尺度的扩大，用户服务数量增加，设施的造价成本固然降低，但与此同时，长途运输中的能源消耗也将增加。在这一过程中，理论上存在一个最高临界点，在该点上，生态效益、能源效率和技术成本能够实现综合效益最大化，我们将该点称为乡村绿色人居单元的最大规模。为了完成乡村绿色人居单元的构建，达到物质能量代谢的最大效率，有必要探讨满足本地性原则所需的最大尺度。

3.2.1 最大尺度影响因素分析

为确保乡村绿色人居单元的正常运行，必须基于物质能量代谢的最大效益，以及当前乡村聚落空间演变的总体趋势，确定乡村绿色人居单元的最大尺度。具体来说，乡村绿色人居单元的最大尺度受到以下几个方面的影响：

第一，关键基础设施合理服务半径。乡村绿色人居单元的核心是构建以基础设施为媒介的合理的物质循环利用和能量梯级利用系统，所以合理的基础设施设计对单元的构建具有重要作用。基础设施的服务区域越大，越有利于发挥设施系统的规模优势，但随着规模的无限扩大，管道费用、管道损失和输送费用就会相应提高，尤其是当系统低负荷运行时，系统必须以较大的流量来满足较小的负荷，导致很大一部分能量在运输途中散失；若服务半径过小，则不能满足基础设施在一定区域内的规模效应。因此，基础设施的服务半径在理论上存在最优点，该点就是关键基础设施的最大合理服务半径。

第二，强化城乡特征。随着城市化、城镇化的普及，统筹城乡建设，积极推进城乡一体化发展模式，提高乡村的城市化、城镇化水平，成为当前乡村发展的主要模式。但是乡村是否应该被城市同化？农业生产和农耕生活是乡村的核心特征，千百年来乡村的生存一直遵循这一特征，聚落规模也始终处于一种动态平衡的状态。倘若盲目模仿城市，必定引起乡村特征与城市格局的格格不入，终将对乡村的生活、生态、文化等各方面造成严重破坏。因此，为了强化城乡特征，需要明确乡村在其独特资源作用下的边界范围，避免和城市混为一谈。

第三，耕作半径。生产是维持乡村正常运行的基本活动之一，也是乡村居民生活的一部分，所以在乡村绿色人居单元内部并不采取大规模集约化的生产方式，而是以小农经济为主要耕作手段，以个体或聚落为单位进行农业生产，最终达到农业资源服务乡村聚落的目的。因此，便于乡村居民进行农业生产的要素都应该加以考虑。耕作半径指乡村居民由居住地到耕地之间的空间距离，直接影响到耕作面积、通勤时间等耕作要素，因此是确定乡村绿色人居单元最大规模的一个重要因素。

第四，先例借鉴。早在20世纪初，就有部分学者开始尝试进行基于生态要求的人居环境建设，并通过具体数据构建出理想的人居环境模型。此后，也有学者从其他角度探讨了关于尺度确定的具体步骤。纵观学术历史，这种基于尺度确定的相关研究少之又少，并不能为乡村绿色人居单元尺度的确定带来坚实可靠的数据支撑，但是却能够明确地提出一种切实可行的研究方法，引导完成单元尺度的合理确定，因此诸多先例也是确定乡村绿色人居单元尺度的一个有利因素。

3.2.2 基于关键基础设施合理服务半径的单元最大尺度

1）供水设施

影响供水设施服务半径的主要因素是经济因素，主要体现在水厂投资、管网建设投资和运行管理费用三个方面（图3.1）。综合考虑三方面的影响因素，可以得出如下公式：

$$A = -0.068r^6 + 201.213r^4 - 55320r^3 + (642939c - 352958)r^2 - 29771r - 953603$$

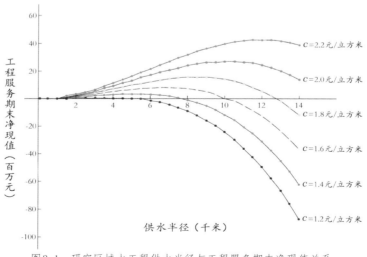

图3.1 研究区域水工程供水半径与工程服务期末净现值关系

式中，A 是整个供水工程结束之后的利润值，r 是供水工程的服务半径，c 是生活用水的单价。从图中可以看出，随着单价的升高，其工程保本（$A=0$）所需的供水半径也越大。本书选取 $c = 1.4$ 元／立方米，则其最大供水半径 $r = 7.3$ 千米。

由公式 $M = S \cdot P = \pi r^2 \cdot P$，式中 M 是服务的人口数，S 是最大供水半径所覆盖的供水范围面积，P 是人口密度，可以得出 $M = 89522$ 人。

因此，基于供水设施服务范围的最大半径为 7.3 千米，最大面积 167.33 平方千米，最大人口规模为 89522 人。

2）污水处理设施

污水处理设施包括集中式和分散式两种。污水的集中式处理能够减少处理厂数量，节省基础建设总投资，但随着设施的服务规模扩大，其管径和长度都要增加，导致整体费用上升。分散式处理规模较小，造价低廉，简单易行，是当前农村地区大力提倡的污水处理方式。从污水运输和处理两方面来看，集中式和分散式处理方式都存在一个服务规模的最优值。

因为污水在处理过程中并没有能量的消耗，因此费用是影响设施规模的主要因素。从费用函数的角度分析污水处理设施的经济性，是确定污水处理设施服务规模的主要研究方式。该费用主要体现在三个方面：系统的管网经济规模、污水处理设备的费用、运输过程中的费用。综合各费用计算方式，能够得出其临界距离的公式为：

$$L_{ij0} = \frac{\alpha(1 - N^{\beta-1})\sum_{i=1}^{N} Q_i^{\beta}}{k_3 Q_{ij}^{k_4}} - \frac{\sum_{l=1}^{S} C_{pl} + k_1 Q_{ki}^{k_2} L_{ki}}{k_3 Q_{ij}^{k_4}}$$

经数据代入可以得出，集中式污水处理服务半径不能大于 5 千米，若超出这一范围则需要选择分散式处理方式。因此可以得出，基于污水处理设施的服务半径为 5 千米，其用地规模为 78.5 平方千米。

3）燃气设施

由于燃气设施在输送过程中其自身并没有能量的消耗，因此燃气设施供应距离的约束条件主要是燃气在供应过程中的输送成本。在乡村绿色人居单元中，燃气的供应包含两种方式：分散式和集中式。分散式指各家各户具有独立的燃气生产设备，因此其供应范围为本户人家。集中式指以乡村或社区为单位，建立专门的燃气站，通过管网输送到各家各户。由于管网输送过程的主要动力来自调压站的压力，因此调压站压力能够供给的最大距离即为燃气供给的最大服务半径。中压管网供气中的调压站的最佳供应半径为 800 ~ 1000 米，即最佳作用范围为 2 ~ 3 平方千米。据调研显示，我国乡镇地区人口密度约为 5000 ~ 6000 人／平方千米，得出该半径内的服务人口为 10000 ~ 18000 人。所以燃气设施的最大服务半径为 1 千米，服务规模为 3 平方千米，服务人口最多为 18000 人。

4）供热设施

由于当前供热技术中的热源设施造价昂贵，因此人居环境中的供热系统往往采取集中式布局，利用管道将热源产生的热量分散至各处住户。随着供热范围的扩大，单位区域面积上的热负荷增加，更有利于发挥区域供热的规模优势。但与此同时，半径的增大延长了管道的距离，埋管所需费用、管道热损失和输送费用也相应提高。因此供热设施的最佳服务范围问题，是供热半径的最优值问题。

目前集中供热技术设施包括两种：热电厂和区域锅炉房。热电厂指以热电联产方式运行的火电厂，区域锅炉房供热是指在一定区域内依靠锅炉来提供热量。相较而言，热电厂的供热效率高，供热半径在 20 千米以内，若优化设施技术手段，可达到 30 千米，适用于城市集中式建设布局。基于乡村聚落高度分散的特性，很难发挥热电厂的最大效应，而锅炉房具有规模小、造价低的特点，因此适合作为小规模范围内的供热设施。热水循环泵是锅炉房的主要设施构件，其耗电输热比（EHR）是影响锅炉房供热半径的主要因素。研究表明，如果将耗电输热比控制在适宜的范围，区域供热系统的最大供热半径可达 6.5 千米。因此，选择区域锅炉房作为符合乡村聚落形态的供热基础设施，并将其供热半径确定为 6.5 千米，供热面积 132.7 平方千米。

3.2.3　基于强化城乡特征的单元最大尺度

乡村是否应该通过城市化和城镇化的方式来逐渐转化为城市模式，在当前学术界有着激烈的争论。在乡村的村落和人口基数庞大的背景下，城市化的确是快速解决乡村居民生活环境问题、改善生活基础设施、提高耕地范围、便于推行机械化种植技术的最有效手段，但是其带来的负面作用同样难以估量：城镇化让乡村居民的生活成本相应提高，但耕地这种决定农村居民收入水平的重要生产要素却不复存在，迫使更多乡村居民涌入城市打工，导致城市人口剧增，乡村却被闲置，空巢老人、留守儿童现象普遍，给社会带来巨大压力。强化城乡特征正是基于对这一背景的考虑而提出的，乡村应该充分利用其独特的资源条件，恢复其原有的生产生活面貌，并进行优化，这才是提高乡村居民的经济收入，改善其生活条件的有效措施。

乡村独特的资源条件主要体现在以下三个方面：第一，高度分散的住区布局。乡村住区呈现出以农田和自然地貌为底，高度分散的点状独立单元的空间形态与布局特征，居民点适度合并也不会从根本上改变这一特征。第二，对自然环境的良好适应。我国乡村聚落种类和数量庞大，虽然形态各异，但都能依靠特定地形、水源、气候等自然地貌延伸发展，体现了对自然良好的适应能力。第三，发达的自身消化能力。乡村的延续离不开其自身的消化能力，农田中的微生物能够有效分解人居生活和农业生产中的有机废物，不仅为农作物提供养分，更是清理废物的有效方式。

比较城乡之间的差异可以看出，农业生产和农村生活是乡村的核心特征，千百年来中国乡村聚落的面貌完全在该特征的引导下不断改进和完善，也使得当前中国广大乡村地区的聚落风貌完全顺从该特征进行发展，如若轻易将城市格局运用到乡村建设中去，便显得与乡村特征格格不入。因此，从某种意义上来说，保留乡村特征，是乡村建设和改造过程中重点遵循的原则。纵观中国历史上建镇制度的整个历程，这种特征在乡镇和村庄层面保留的最为完整，而上升至县城层面则弱化很多，这一现象在中国的几千年历史中得以延续。因此我们有理由相信，为了保留乡村独特的生产生活方式，需要遵循其原有的乡镇建制模式及其建镇规模，而乡镇则是乡村聚落形态能够满足的最大尺度单位。

对此，我们收集整理了 2014 年度山东省各地级市发布的相关数据并利用统计学方法进行计算（表 3.1），最终得出山东省各个乡镇的平均面积为 93.03 平方千米，以该面积为圆，则该圆的半径约为 5.5 千米。因此，基于强化城乡特征的最大单元尺度，其单元单位为乡镇，单元面积为 93.03 平方千米，单元半径为 5.5 千米，人口规模为 24512 人。

表 3.1　山东省 17 座城市的土地使用及人口状况

地市名称	土地面积 / 公顷	乡镇数量 / 个	平均每乡镇土地面积 / 公顷	农村人口数 / 万人	平均每乡镇农村人口数 / 人
济南市	799841	143	5593.29	237.96	16641
青岛市	1128200	145	7780.69	289.36	19956
淄博市	596492	88	6778.31	159.32	18105
枣庄市	456353	64	7130.51	188.40	29437
东营市	824326	40	20608.15	76.74	19185
烟台市	1385150	154	8994.48	294.59	19130
潍坊市	1614314	118	13680.63	445.06	37717
济宁市	1118698	156	7171.14	424.00	27180
泰安市	776141	88	8819.78	257.49	29260
威海市	579698	71	8164.76	111.34	15682
日照市	535857	55	9742.85	138.79	25235
莱芜市	224603	20	11230.15	59.73	29865
临沂市	1719121	156	11020.01	504.29	32326
德州市	1035767	134	7729.60	296.37	22117
聊城市	862801	135	6391.12	342.57	25376
菏泽市	1215523	168	7235.26	488.60	29083
滨州市	917219	91	10079.33	185.73	20410

3.2.4　基于耕作半径的单元最大尺度

耕作半径通常用以表述聚落点距离农耕区的远近，其形成经历了一个漫长的过程，能够综合反映出某一聚落在不同时期的农业生产状况。耕作半径主要有两种表达方式：一种是空间半径，指聚落点距离农耕区的空间距离；一种是时间半径，指聚落居民步行或乘坐农用运输工具到达农耕区所消耗的时间长短。工业社会以前，农业收成是农民唯一的生活保障，由于耕作水平低下，主要依靠人力和畜力进行运输，为了节省花在路上的时间和体力，聚落与农耕区之间的空间距离成为主要考虑因素；随着现代化耕作的发展，农业生产力水平和耕作效益有了显著提高，交通设施也逐渐完善，此时乡村居民对于空间半径的考虑减少，并逐渐转向对耕作时间半径的考虑。因此，在当前的耕作环境中，时间半径是确定耕作半径的主要因素，即时间与出行速度最终决定耕作半径的大小。

对山东 17 座城市的田野调查显示，在当前的耕作条件下，摩托车、电动车等交通工具是乡村居民下地干活的主要通勤方式，其次为步行。一般而言，乡村居民可以接受的耕作出行时间约为15 分钟。在理想状态下（理想状态指在平面范围以内且乡村道路状况良好），按时速 25 千米计算，在交通工具的支持下，乡村居民能够达到的最远距离为 6.25 千米。在乡村行政区位划分中，该距离满足乡镇的尺度要求。据此能够得出，在乡村绿色人居单元内部，基于最大耕作半径之下的乡村绿色人居单元的最大尺度单位为乡镇，单元面积为 122.66 平方千米，单元半径为 6.25 千米。

3.2.5　基于先例借鉴的单元最大尺度

1）田园城市理论

田园城市理论由英国学者埃比尼泽·霍华德提出，旨在摆脱在伦敦的工业化进程中面临的困境。田园城市理论构建了一种"城市乡村"共同体的人居单元模式，每个单元的占地规模为 24.3平方千米，其中城市位于单元中心，占地 4.05 平方千米，是公共建筑和住宅用地；周围被农业用地环绕，占地 20.25 平方千米。单元内人口为 32000 人（图 3.2）。

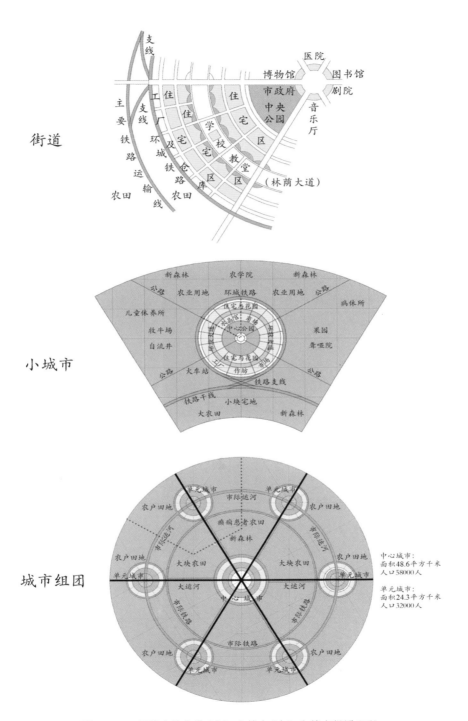

图3.2 田园城市的街道（上）、小城市（中）、和城市组团（下）

随着人口的增长，单元规模也将不断扩展。其扩展方式不是原有单元的无限外扩，而是在原有单元的附近建设新的单元。通过一个面积48.6平方千米，人口5.8万的中心城市和六个面积24.3平方千米，人口3.2万的田园城市以向心的模式围合成一个约267平方千米，人口25万的社会城市。城市中央为公园、公共建筑和行政设施，外围为花园和住宅，再外围为工业用地，城市之外是农业用地，合理分配土地使用及人口密度。

快速铁路是贯穿单元的主要交通工具，从任何镇到最远临镇只需走16千米，其次还有一种铁路系统使各个城镇与中心城市取得直接联系，其距离为5.23千米。

田园城市理论提出了在单元内部构建完整生活供应圈的可行性：单元内部的生产用地、公共设施、居住区等能够很好地满足单元内部各种需求，使单元能够实现自给自足。在此基础上，田园城市理论还指出单元的规模必须控制在合理范围内，随着人口的增加，应该在单元附近建设新的单元。如果占用农业用地来扩建，会导致生态环境负荷增加，居民的生活品质降低等不良影响。田园城市理论中的单元半径为9.22千米，单元面积为267平方千米，人口规模为25万人。

2）乡村聚落空间优化模式——乡村公路导向发展模式（RROD模式）

乡村公路导向发展模式（以下简称RROD模式）受到以公共交通为导向的开发模式（TOD）在城市地域空间结构优化过程中所发挥的重要作用的启发。通过合理引导乡村聚居单元规模，整体优化乡村聚居单元结构，有效构建乡村聚居单元体系来推进乡村地域空间结构理论体系的发展。RROD模式依托于乡村公路布局的功能完善，在规模适中的新型乡村聚居单元中，每个RROD模式的居住生活空间、生产空间和生态空间之间能够进行有机协调。在一定区域范围内，基于区域地理环境条件，依托乡村公路系统，多个等级有序、布局合理、彼此关联的RROD模式，共同组成RROD模式体系。

为确保RROD模式的有效运行，必须确定合理的空间尺度。确定空间尺度的主要依据包括场地环境与区位条件、生产方式与农业规模效益、出行方式与距离感知、邻里关系与心理认同、设施配置门槛、组织管理效益等因素（图3.3）。通过综合分析各单因素作用下（图3.4）空间尺度的合理参数可以得出，规模半径合理取值为450~700米，人口规模为1500~3500人，距离尺度为3.5~5.0千米。因此可以得出，在一个完整的RROD模式体系之内，其最大规模半径为6.4千米，面积为128.6平方千米，人口规模为24500人。

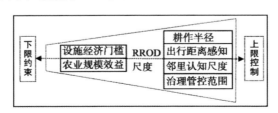

图3.3 RROD模式的空间尺度影响因素

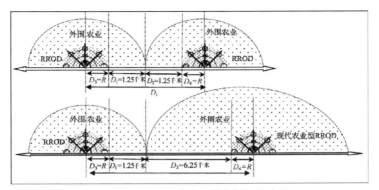

图3.4 合理工作半径下的空间尺度分析

3.2.6 单元最大尺度综合分析

总结各影响因素下人居环境所能承载的最大规模,可以得出表3.2的数据。

表 3.2 各因素下的单元最大规模

项目		规模半径 / 千米	用地面积 / 平方千米	人口数量 / 人
关键基础设施	供水	7.3	167.33	89522
	污水处理	5	78.5	—
	燃气	1	3	18000
	供暖	6.5	132.7	—
强化城乡特征		5.5	93.3	24512
耕作半径		6.25	122.66	—
先例借鉴	田园城市	9.22	267	25 万
	RROD 模式	6.4	128.6	24500

在确定乡村绿色人居单元最大尺度的过程中,不同要素对最大尺度的影响大小也有不同。关键基础设施的服务半径的确对乡村绿色人居单元的尺度规模有很大影响,但这并不意味着其半径规模对乡村绿色人居单元有绝对的约束作用。由于乡村绿色人居单元提倡的是分散式基础设施系统,因此在单元内部,通过不同层级之间的互补作用,可以选择多个小规模基础设施分别服务各个低层级的单元系统,因此,基于关键基础设施的服务半径只是一种参考,表示单元的最大规模和该半径的差距不大,可以适当扩大或者缩小。关键基础设施服务半径的主要作用不是确定单元的规模,而是当单元规模确定之后,验证其是否符合基础设施的要求。在众多要素之中,耕作半径对单元规模的影响最大,其次是基于强化城乡特征的考虑,先例借鉴的作用更多的是为单元的构建提供一种研究方法和构建方式。

综合以上各要素的影响,单元的最大尺度最终确定为半径6.25千米,面积122.66平方千米,人口 24500 人。通过和现实社会的对比可以看出，该尺度和乡镇的规模相近，因此可以说，乡村绿色人居单元的最大尺度是乡镇级。

3.3 乡村绿色人居单元的尺度类型划分

乡村绿色人居单元的最大尺度为乡镇级，但是在现实社会中，几乎没有基于该尺度的单独聚落点存在。以乡镇为尺度的人居单元更多的是由若干社区、园区、村庄等低一级的尺度形态组合构成，不同尺度层级之间互为补充。此外，由于历史、地理区位、改造方式等方面的差异，导致各种尺度类型的用地及人口规模很难被详细划分。以华北地区为例，华北地区农业历史悠久，乡村聚落规模普遍较大，有很多拥有几百户甚至超过一千户人家的大村庄，并且由于北方的旱地农作物易于管理，耕地距村庄的距离也相对长一些，因此其村庄的人口与用地规模普遍较大，甚至大于某些农村新型社区的规模。由于在乡村绿色人居单元的构建过程中需要保证乡村居民的生活稳定性，因此在乡村绿色人居单元的尺度类型划分过程中，并未对其用地及人口规模做出具体量化，而是剖析其空间及功能形态，并在此基础上对其规模进行最大值的限定。

3.3.1 乡镇

乡镇是我国最基层的行政单位，其自身是一个完整且独立的社会组织形式，功能与城市相仿。乡镇的空间形态复杂，由一个镇中心以及辐射至周边的若干村落共同构成。镇中心肩负着整个乡镇的公共服务功能，乡镇机关、企业、学校、医院、居住区等都集中在镇中心区域，水、电、路、气、排污、绿化等基础设施建设已基本达到城市标准，但生产功能已经基本消失。周边村落的基础设施建设则远远落后于镇中心，大多依然保持着原始形态。可以看出，乡镇整体可以分为两部分内容：纯消耗的镇中心地区，以及生产为主、消耗较少的村庄地区。因此，在乡镇层面上的乡村绿色人居单元，其空间形态可以看作是村庄围绕镇中心的方式（图 3.5）。

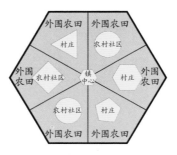

图 3.5　村庄围绕镇中心

3.3.2　新型农村社区/现代农业园区

1）新型农村社区

农村社区是我国的自然行政村长期以来自发演变形成的传统社区，是指聚居在一定地域范围内的农村居民在以农业作为主要生产方式的基础上，通过共同的利益关系、社会互动和共同的服务体系所组成的社会生活共同体。近年来，随着"城乡一体化"政策的实施，一种不同于传统农村社区的新型农村社区逐渐形成。新型农村社区是在政府主导下，按照城镇总体规划，破除原有自然村落的格局，建立以农民为居住和生活主体的具有规划性特征的包含多种经济关系和社会关系的农村社会生活共同体和现代化农民居住区。它不是简单的合村并居，也不是原有村落的翻新，而是一种能够从根本上改变农民生产和生活方式，改变长久以来的农村面貌，强力推动农村社会与经济发展的举措。

新型农村社区的类型多样，综合考虑地形地貌、区位特点、建设模式、空间布局和生产方式，可以将其划分为城镇聚合型和村庄聚集型两类。城镇聚合型社区是指由几个村庄合并，在规划城镇建设用地范围内集中建设，并逐步纳入城镇管理的农村新型社区（图3.6）；村庄聚集型社区是指通过多个村庄合并或单个较大村庄改造，形成的具有一定规模、集中居住、设施完善的农村新型社区（图3.7）。

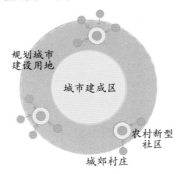
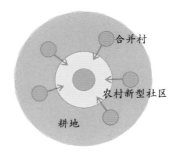

图3.6　城镇聚合型社区　　　　　　图3.7　村庄聚集型社区

由于城镇聚合型社区已逐步成为城市的一部分，社区居民基本上已经失去自己的耕地，因此乡村绿色人居单元在社区尺度上的探讨主要围绕村庄聚集型社区进行。

村庄聚集型社区根据其构建方式不同又可分为村企联合型社区、强村带动型社区、多村合并型社区、搬迁安置型社区和村庄直改型社区五小类。虽然各小类的构建方式差异很大，但其形态却大致分为两种：一种是以聚居点为中心，外围被耕地包围（图3.8）；另一种是由多个独立的村落聚集形成一个整体社区（图3.9）。

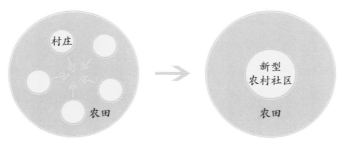

图3.8 多村合并为一个新型农村社区

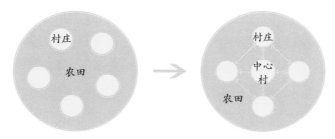

图3.9 多村聚集形成一个由中心村带动的社区

2）现代农业园区

现代农业是相对于传统农业而言的。我国现代农业园区起步较晚，目前还没有一个标准定义，但总体来看，现代农业园区是农田基础设施及农业的生产、经营和管理基本符合农业现代化要求的农业生产区域。现代农业园区主要包含三个方面的功能：首先是现代化生产、加工功能。农产品的生产和加工是园区最基本的功能，其产品大多是用最新品种、最好的培养技术和加工手段制作出来的优质产品，以满足高端市场的需求。其次是研究功能。科研单位在园区内入驻，将园区作为试验基地，对新的品种进行种植实验并将其引入到实际生产中，同时探索适合农业发展的新的种植和管理方式。最后是环保和旅游观光功能。利用高科技种植与养殖技术，培养绿色健康的粮食、蔬果、禽畜，在生产的同时对保护园区环境起到示范作用，并以此为基础形成农业休闲旅游景点。

现代农业园区和新型农村社区在功能上存在很大区别。首先，园区的主要功能是大面积和高效率的农业生产，并配有部分科研功能，其人口主要由科研及工作人员和旅游观光人员组成，所以办公场所、餐厅、宾馆是生活的主要场所，且人群数量相对较少。其次，园区内农业生产大多由现代化生产加工来完成，在生产过程中也会产生一定的能源资源消耗。由此可见，农业园区作为一个独立的单元，其整体的物质能源水准是供大于求的，而集中型的新型农村社区则是一个需要大量消耗的整体，因此，如果将两者结合形成一个独立的单元形态（图3.10），则能够很好地实现互补，满足单元整体对于物质和能量的需求。

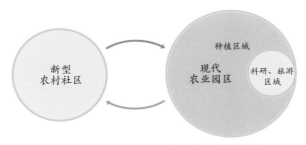

图3.10 新型农村社区和现代农业园区的结合

3.3.3 村庄

村庄是人类聚落发展过程中的一种低级形式，根据农家房舍集合或分散的状态，可以分为散漫型和集聚型两种类型。散漫型村庄的每个农户住宅都零星分布，尽可能靠近赖以生存的田地、山林和水源，没有明显的聚落中心；集聚型村落是由许多乡村住宅集聚在一起而形成的大型村落，其规模较大，人口居住相对集中，由成片居民房屋构成居住区，耕地散于所有房舍周围。村庄是乡村聚落中存在时间最长的尺度类型，在上千年的发展过程中，形成了一套完整且独特的生产生活体系：居民以农业为主要生产方式，居民点分散在农业生产环境之中，具有良好的生活环境；家族聚居现象明显，通常以家庭为单位的组织形式是生产的主要劳动力；基础设施不完善，通常只有简单的电路和自来水设施，燃气、采暖设施等普遍缺乏。

3.3.4 庭院

庭院作为一个完整且独立的生活系统，是乡村聚落中的底层居住单元。传统庭院的独特空间形式造就了传统的庭院文化，传统农耕智慧也在传统庭院中做出了淋漓尽致的表达，构建出了完整的循环代谢系统，达到了生产、生活、生态一体化的目的。除此之外，传统庭院也传承了乡村人居环境的基本特质，保留了其原有的生活方式和风俗文化，让乡村人居环境充满了生机。

3.3.5 不同类型间的承接关系及尺度范围

在"建设社会主义新农村政策"的引导下，乡村聚落中不同类型的单元形态发生了很大变化。以庭院和村庄为尺度的单元类型正逐渐消失，取而代之的是大量以新型社区为尺度的人居单元，并且随着地方政府对于"合村并居"的大力提倡，人们开始盲目地扩大社区范围，而这将导致环境恶化、基础设施跟不上社区建设等恶果。为解决这一问题，最好的办法是构建趋近闭合循环的小尺度单元模式，利用其自身的农业活动来满足单元内部对于物质能源的需求。由于小尺度单元的资源相对稀少，构建闭合循环系统的难度很大，而大尺度单元的资源相对较多，调节能力很强,因此大尺度单元可以作为小尺度单元的后盾,而小尺度单元尽量趋近于闭合循环系统,能够为大尺度单元减去很大一部分负担,促进大尺度单元的稳定运行。各层次尺度单元联合在一起相互作用,才能够实现循环代谢系统的最大效率,这种效率是单一尺度的人居单元很难做到的。乡村绿色人居单元各个尺度类型之间的关系如图3.11所示。

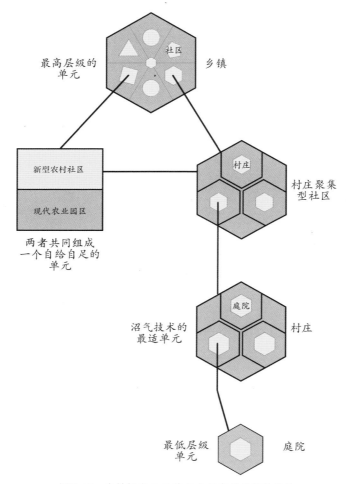

图3.11　乡村绿色人居单元各尺度类型间的关系

由于各尺度类型的要素种类和数量具有很大差异,导致不同尺度类型的主要职责也存在很大不同,因此确定尺度的因素之间也会有很大差异。由于确定尺度的最主要因素是能源基础设施的最佳服务范围和居民日常活动的最远距离,因此在确定尺度的过程中需要综合双方面因素进行考虑。

乡镇作为最大尺度的乡村绿色人居单元,其形成的根本目的是实现单元内生产生活功能的相对完善，基本满足乡村居民日常生活中的所有需求，成为居民在日常生活中所能达到的最远距离的频繁活动场所，因此，在乡镇尺度上的人居单元中，确定尺度的最主要依据是居民可以达到的最远距离。结合前文关于最大范围的探讨，得出乡镇尺度上的最大单元面积为 122.66 平方千米，单元半径为 6.25 千米。

社区作为比乡镇低一级的单元类型，其主要目的是利用自身的资源优势，在满足居民日常需求的基础上，优化基础设施结构，提高能源利用效率。由表 3.3 可以看出，基础设施基本都能满足社区的需求，因此为了确定社区的尺度，应着重考虑居民的活动范围。乡村居民在农村社区中的活动更为频繁，并由此形成了地缘交际圈，即居民由于空间、地理位置的邻近所形成的交往范围。该圈的大小可以通过居民的非机动车出行距离来反映，其活动范围最远为 3 千米。因此，社区尺度上的人居单元，其最大单元面积为 28.26 平方千米，单元半径为 3 千米。

村庄是比社区更低一级的单元类型。生态技术设施对其的约束主要体现在燃气的供应距离上，由前文可知以燃气为基础的村庄尺度为半径 1 千米，因此，村庄尺度上的人居单元其最大面积为 3.14 平方千米，单元半径为 1 千米。

表 3.3　不同类型下的单元最大尺度

尺度类型	最大面积	最大半径
乡镇	122.66 平方千米	6.25 千米
农村社区	28.26 平方千米	3 千米
村庄	3.14 平方千米	1 千米

无论是城市建设还是乡村建设，尺度都是一个必须研究的问题，它体现了人类生活中的可达距离问题，以及基础设施的效率最大化问题。本章首先探讨了影响乡村绿色人居单元尺度的各种要素，并分别分析了各要素影响下的单元最大尺度问题，最终确定了单元在规模半径、占地面积、人口数量上的最大尺度。乡村绿色人居单元的每个层级都是由众多低一层级的小单元构成的，其最大尺度单元也是由众多小单元共同构成的。因此，在确定了最大尺度之后，应着手分析各种小单元的形态结构。在这一过程中，结合现实社会中的存在形式，将乡村绿色人居单元分为乡镇、社区/园区、村庄、庭院等几种不同的尺度类型，并通过结合生态技术设施服务距离和居民活动范围进行综合分析，确定了不同类型下乡村绿色人居单元的最大尺度。

4 乡村绿色人居单元的模式构建

一个完整的乡村绿色人居单元可以看作是选择适宜的技术手段连接生活空间和生产空间所构成的有机整体。在现实生活中，由于生产和生态系统有各自的多样性，所以很难通过一套具体的设计方案囊括所有的生产和生态系统类型。换个角度来看，不同的系统类型存在共同的要素类型和循环方式，因此具有共同的构建原理。本章基于这一条件，将生产、生活、生态各系统中的各构成要素抽象为一类物质，为各尺度类型选择适宜的生态技术并探讨其可能存在的空间形态模式，在此基础上构建乡村绿色人居单元各尺度上的单元模型，以作为未来乡村绿色人居单元实际建设的主要依据。

4.1 构建单元模型在乡村绿色人居单元中的作用

乡村绿色人居单元是一种指导乡村人居环境建设发展的模式，但是如何将其运用于现实设计中，仍缺乏足够的指导。乡村作为一个聚落实体，其种类多样，主要表现为农业生产类型的多样和生态技术设施的多样。前者关系到人居生活需求和生态技术设施的原料供应，后者关系到技术的效率问题及不同技术的空间利用问题。因此，不可能通过一种具体的设计方案来指导乡村人居环境建设。针对这一情况，本章尝试用一种更为抽象的表述方式，来构建乡村绿色人居单元的抽象模型。简单来说，就是将某些具体物质抽象为一种具有相同功能作用、存在于单元内循环中某个节点上的要素，分析各要素可能存在的空间布局，并将其以模型的方式呈现出来。在设计实践中，人们只需要选择适宜的原始模型，结合第 3 章中提到的要素配比关系选取适宜的具体物质种类和技术设施类型，便能够实现单元"三生一体"的目标。

如何将乡村绿色人居单元的概念完全应用于乡村人居环境建设中，或者说，如何将现实中的乡村建设成具有乡村绿色人居单元性质的乡村人居环境？面对一个具体的乡村人居环境建设实践项目，首先能够明确的是其中的人口数量，根据人对生活要素的需求，能够得出满足该人群日常生活需求的各种要素的具体数量。然后结合具体的种植和养殖种类，配置合理的生态技术设施。生态技术设施和农业生产之间互相协调之后，再考虑生产和生态技术的空间形态，最终完成一个"三生一体"的乡村绿色人居单元。

4.2 不同尺度上的单元模型构建

4.2.1 庭院尺度上的单元模型

1）要素构成与系统循环

由于庭院尺度上的人居单元空间范围有限，因此其内部要素的种类较少，主要包括人的生活起居、蔬菜瓜果的种植、家禽家畜的散养及户用的生态型基础设施。该单元内的系统循环由三部分组成（图4.1）。

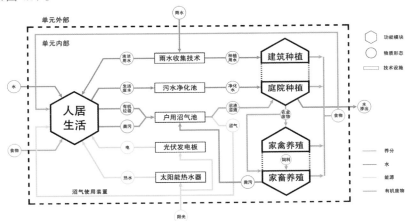

图4.1 庭院尺度上的构成要素及系统循环

第一，养分循环。养分循环包括三种存在方式，第一种是作用于人居生活的食物循环，第二种是作用于农作物的肥料循环，第三种是作用于禽畜的饲料循环。在庭院尺度的人居单元中，由于种植面积相对较小，因此不需要外界提供肥料，仅依靠沼气池中的沼渣就能得到补充。农作物成熟之后，果实成为人居生活中的食物，剩余的茎叶等农业废物可以作为禽畜的饲料。家禽家畜为人类提供肉蛋等食物，其粪便又和人居生活系统中的有机垃圾和粪污一起投入户用沼气池。这样就能够形成一个完整且可以有效消纳有机垃圾的养分循环系统。在该系统中，由于作物种植的耕地面积有限，难以满足人居生活一年的需求，因此需要依靠外界输入部分食物，或者优化单元内部的种植空间，以达到自给自足的目的。

第二，水循环。任何被污染的水体通过净化达到饮用标准都需要一个复杂且昂贵的过程，这是乡村的经济条件难以承受的，因此，这里提出的水循环是指单元与外界环境之间的一种循环流动，单元内部的水体并不能循环使用，只能通过梯级利用的方式减少水资源的浪费。在庭院尺度的人居单元中，水资源主要来源于外界输送和雨水收集，其中外界输送的水资源会经过一个梯级利用的过程，如洗衣用水和厨房污水可以用来冲厕所等；通过雨水收集技术得到的水资源可以作为生活中的清洁用水及庭院中的种植用水。最终，两种水资源都将流入庭院中的小型净化池进行过滤和净化，然后逐渐渗入地下。

第三，能源流动。人居生活系统的能源需求包括电能和热能。由于庭院尺度的人居单元内物质资源较少，因此不具备沼气发电和秸秆发电的经济可行性，可以利用光伏发电板发电满足人类对于电能的需求。热能主要包括三种形式：燃气、热水和暖气。在该单元中，沼气是清洁且廉价的炊事能源，通过户用沼气池的发酵作用及养分循环的不断流动，便能够源源不断地得到沼气；热水主要用于居民的日常洗漱，而太阳能热水器便能够满足这一需求；为了满足人居生活空间冬季采暖的需求，可以通过局部大棚种植技术来吸收热量，让居住环境在冬天依然保持适宜的温度，同时也让沼气池能够在冬天充分运转。

2）基础设施

由于庭院尺度上的人居单元规模很小，并且服务的是本户居民，因此其基础设施需要具有以下特点：价格低廉，在乡村家庭的经济承受范围之内；体积较小，不会在庭院中占据大面积空间。据此，在庭院尺度的人居单元中主要选取以下几种技术设施：①户用沼气池，将沼气池建在地下，将日常生活中的有机垃圾、人和牲畜的粪污投入其中以生产沼气（图4.2）；②太阳能热水技术，将热水器放置在屋顶上，不会占用生活空间（图4.3）；③湿地净水技术，在院落中选取一定区域种植植物，既能净化水体，使其渗入地下，又能为院落营造良好的景观空间；④太阳能发电技术，将光伏发电板置于屋顶，作为日常生活中电能的主要来源（图4.4）；⑤雨水收集技术，将屋顶的雨水全部收集并储存于地下，待需要时取出，在一定程度上弥补了水资源的缺乏（图4.5）。

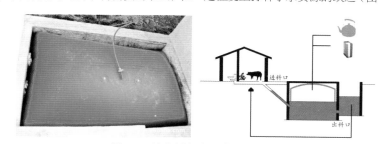

图4.2　软体沼气池及其工作原理

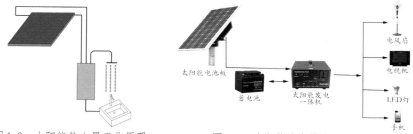

图4.3　太阳能热水器工作原理　　　图4.4　太阳能发电技术工作原理

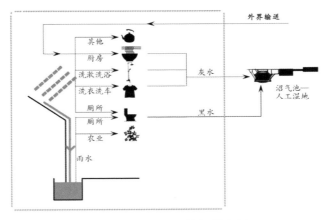

图4.5　雨水的收集和梯级利用示意

3）空间形态

庭院尺度上的人居单元拥有构成要素最少的单元形态，其空间组成包括建筑和院落两部分。建筑的主要功能是为居民提供生活空间，随着农业生产技术的发展，部分作物种植被引入了建筑，将生产活动加入生活当中，既能优化生活环境，又能提高农业生产产量。农业在建筑空间内的组合形式主要分为三种：屋顶种植、外立面种植和室内种植。屋顶种植又包括露天种植和温室种植，两者之间的区别是屋顶温室具有防水保温的作用，能够有效调节建筑周边和室内的环境，这些是露天种植不具备的（图4.6）；外立面种植指在建筑的外墙面进行种植，不仅能够有效遮挡阳光，还能美化建筑外立面（图4.7）；室内种植能够让植物散布于房间各处，既能充分利用空间，又能够提供绿色景观。

图4.6　屋顶种植示意

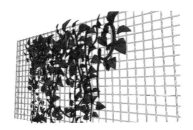

图4.7　外立面种植示意

院落是室内空间和庭院外公共空间之间的过渡空间，不仅是农业种植和禽畜养殖的主要场所，还承担着庭院内的生态景观功能。随着生态技术的不断发展和普及，院落也成为主要的种植场所。院落种植也包括露天和温室两种形式，露天种植相对简单，在庭院内任何位置都能播种，也不需要特别细心的打理，并且随着季节的不同，还能为院落带来不同的景观；温室种植受天气影响较小，其内部环境更适于农作物的生长，并且如果将沼气池建在温室地下，便可保证其在冬季依然能够正常运行。禽畜养殖是构建庭院循环系统不可或缺的一部分，既能为人居生活提供食物，也能为沼气池提供优质原料，沼渣中的养分又能够被农作物充分利用。为了方便粪便的运输，最好将其设置在靠近沼气池的位置。因此，庭院尺度上的人居单元其空间形态如图4.8所示。

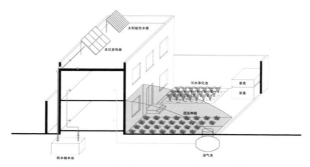

图4.8　庭院尺度人居单元的空间形态

4.2.2　村庄尺度上的单元模型构建

庭院尺度上的人居单元在一定程度上实现了能源资源的自给自足及生活废弃物的有效处理，但是该单元依然有很多不足：由于庭院空间的局限性，该单元很难容纳复合生态系统中的所有要素，致使食物等部分资源依然需要外界输入；部分户式基础设施的管理较为复杂，与集中式能源技术设施相比，其经济可行性较差。由众多庭院聚集形成的村庄尺度上的人居单元，能够形成一个要素多样且更加完整的系统来实现乡村绿色人居单元"三生"的目标，有效补充庭院尺度人居单元的不足。

1）要素构成与系统循环

村庄尺度的人居单元包含若干个庭院尺度的人居单元，除此之外，还有安置在生活区域外围的大面积农业生产空间。在生产空间中，可以进行农作物种植和规模化养殖等集中式的农业生产活动。

基于生态技术设施的服务范围，村庄尺度人居单元的系统循环由两部分组成（图4.9）。在村庄层面上，需要将生活空间看作一个整体。生活系统中的废弃物和养殖场中的粪污通过集中收集排放至中型沼气场，通过发酵作用生成沼气、沼渣和沼液。沼气一部分作为燃气直接供应给居民，另一部分作为原料输送至沼气发电机，转换成电能供居民使用。沼渣和沼液作为农作物肥料还田。生活污水经由统一的污水管网排放至人工湿地，既能净化水源，又能营造村庄中的公共休闲景观。在该系统中，食物生产的种类基本能够满足人居生活的需求，但由于村庄的工业化程度较低，调料、水果和鱼虾等食物依然需要外界环境的供给。根据物质守恒定律，随着农产品不断输出至外界环境中，农业种植还需要外界补充各种元素。所以该系统和外界之间主要存在养分的交换及水的输入与排放，其他要素能够实现单元内部的自给自足。

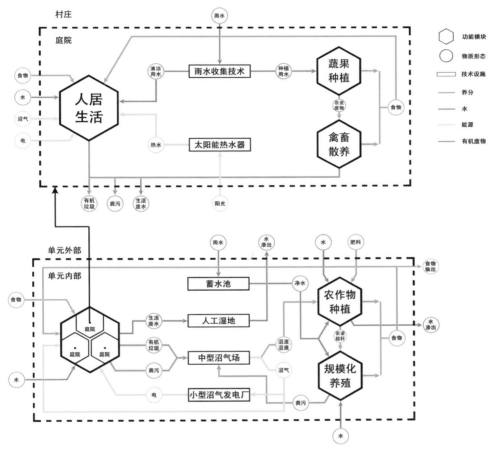

图4.9 村庄尺度上的构成要素及系统循环

由于部分技术设施和生产活动范围较小，因此在村庄生活空间里的各个庭院中，也存在一个物质系统。该系统主要包含雨水收集、太阳能热水、果蔬种植和禽畜养殖等要素，废弃物排放至村庄进行集中处理。因此，在村庄尺度的人居单元中，庭院的主要职能不再是实现物质和能量的循环利用，而是营造良好的生活环境氛围，并且在符合经济可行性的前提下为人居生活提供一定的物质与能量，作为乡村家庭在经济上的补充。

2）基础设施

村庄尺度的人居单元具有大面积的农业生产空间，这意味着单元内部的生物质资源丰富，也更适合集中式技术设施的使用。与户用生态技术设施相比，集中式的规模化技术设施在空间上可以独立于人居生活空间和农业生产空间来布置，便于设施的管理和运行。由于生物质资源（牲畜粪便等）会污染环境，将其集中收集至技术设施空间进行处理，可以优化人居生活空间的环境。集中式布局解放了户式技术设施零碎的空间，既能增加庭院内的空间面积，又能在村落层面上形成大面积公共空间。

　　因此，在村庄尺度人居单元中，主要使用的生态型基础设施有以下几种：①中型沼气场，设置在人居生活空间以外的区域并与其保持一定的距离，既便于生物质的收集和技术的管理，又不会对人居生活环境造成负面影响；②集中式生态污水处理塘，通过管网系统将每户庭院中的生活废水集中排放至此，经净化之后渗入地下，这种方式能够解放庭院中零碎的净化空间，又能在村庄中形成湿地景观，作为村庄内的公共休闲娱乐场所；③小型沼气发电设备，由于村庄中的生物质资源充足，因此在满足燃气供给的基础上，还能够将多余的燃气通过该设备转换成电能供给人居生活系统；④蓄水池，将村庄中一定范围内的雨水收集并储存起来，作为农业种植和村庄绿化用水，能够节约很大一部分水资源。

3）空间形态

　　村庄尺度的人居单元具有和庭院不同的职能，不仅要维持乡村居民的日常生活，也要满足城市居民日常生活中对食物的需求，这种性质决定村庄尺度的人居单元在生活空间之外必须配置大面积的农业种养殖空间。据此，在村庄尺度的人居单元中，其空间形态具有两种构建方式：一种是集中布置生活空间，并在其外围布置农业生产空间和生态技术空间（图4.10）；另一种是将部分耕地划分到庭院中，以此扩大庭院面积，丰富种养殖类型与数量（图4.11）。

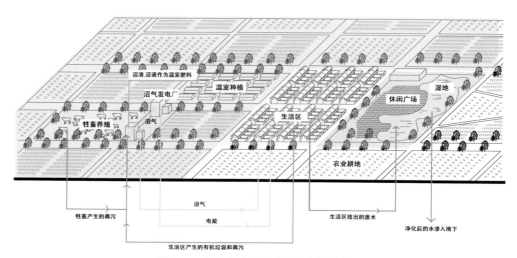

图4.10　村庄尺度人居单元的空间形态一

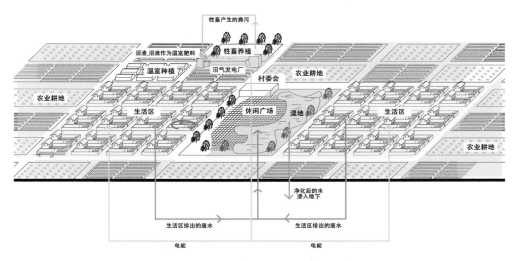

图4.11　村庄尺度人居单元的空间形态二

在第一种空间形态中，生活空间集中位于村庄的中心区域。由于牲畜养殖的粪便处理不当会造成空气和水体污染，因此，牲畜养殖空间与生活空间之间隔出了一片农业种植区域，作为两者之间的缓冲空间。为了便于生态技术设施的原料运输，将沼气场及沼气发电厂共同组成的技术设施空间置于牲畜养殖空间附近。在沼气场附近设置一个温室种植基地，以便沼渣和沼液能够近距离作用于农作物；在温室屋顶设置雨水收集系统，将收集到的雨水储存在蓄水池中，方便随时灌溉温室作物。生活空间南侧是用于净化污水的大面积人工湿地，以及和人工湿地结合设计的休闲广场，两者结合形成一个亲水平台，作为村庄的公共休闲区域。村庄外围由露天种植耕地包围，主要种植小麦、玉米等粮食作物，引地表水或地下水进行灌溉，并定期施肥。从外围农田到养殖场再到技术空间经历了一个由农作物秸秆到牲畜粪便再到沼气和沼渣的转化过程，同时为人居生活提供了肉、蛋、奶、粮食等食物，在村庄尺度上形成了一个闭合的循环系统。

由于农业种植空间更加广阔，所以庭院的规模也可以适当调整，由此产生第二种空间形态。在该形态中，部分耕地被纳入庭院中，庭院的面积明显增加，也拥有了更多空间来进行农业生产。庭院基本维持作为独立单元时构建的生态系统循环，其自身也能进行一部分代谢过程（图4.12）。生活用电由原有的太阳能发电变为村庄规模上的沼气发电场来供应，生活污水依然依靠村庄公共的湿地进行处理。庭院规模的扩大提高了自身对人居生活食物需求的供给能力，也更能满足沼气池的原料需求。人居生活中的燃气、水、暖气的供给，以及有机废物的处理都能够在庭院中进行。在村庄层面上，主要通过牲畜的规模化养殖和沼气发电厂解决单元内的电能供应问题，以及通过湿地污水处理来营造村庄公共休闲空间。

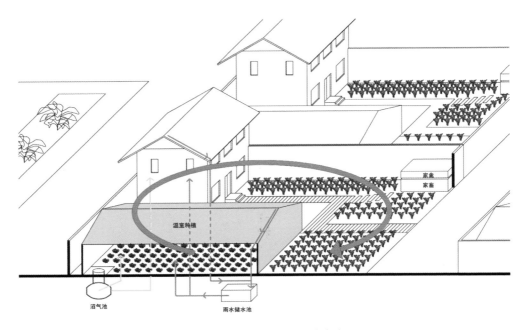

图4.12 村庄尺度人居单元中的庭院循环

4.2.3 社区、园区尺度上的单元模型构建

与村庄相比，社区和园区的尺度规模更大，生产要素更加多样化，在空间形态上也有很大的不同。随着集中式居住模式的不断推进，社区的存在形式也趋于多样，根据不同的建设方式可以分为两种：一种是多个村庄合并，在保留原始庭院风貌的基础上扩建的低密度住区；另一种是选择交通便利、用地充足的地区新建集合式居住小区的高密度住区。不同的居住形式对应不同的空间布局方式。前者是由多个村庄聚集形成，为了提高生态技术设施的运行效率，部分技术设施的服务范围由原先的村庄扩张为社区，其空间形态并未发生太大变化，其作用更多的是通过村庄之间的生产多样化进行互相补充，提高单元的自维持能力。后者摆脱了低层级单元聚合构成的方式，自身独立形成一种单元形态。

1）要素构成与系统循环

在由高密度住宅小区形成的新型农村社区中，其人居生活空间占地面积较大，而农业生产空间基本为零。现代农业园区的主要职责是生产农作物，并伴随部分观光及科研功能，同时，现代化生产方式使其生产空间规模庞大，因此在园区中拥有大量的生物质资源，并且这些资源即使转化为能源，园区自身消耗的也是其中极少的一部分。综合考虑两者的供需关系能够发现，如果将两者结合起来进行建设，便能产生互补的效果（图4.13）。

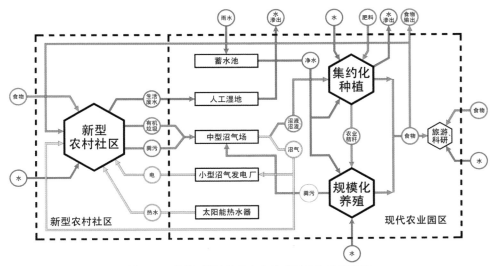

图4.13   社区、园区尺度上的构成要素及系统循环

该循环系统包括两个子系统：新型农村社区中的生活系统和现代农业园区中的生产系统。在生活系统中不存在或者只存在少量生产功能，食物和能源基本完全依靠外界供给，仅有热水是由社区自身的太阳能热水器来提供。生活系统中的废弃物全部通过管网排放至现代农业园区的生态技术设施中，通过消纳分解，最后成为园区中植物的肥料。而园区中的农作物和能源会输送至新型农村社区，并且有结余输出至外界环境。农村新型社区和现代农业园区通过结合形成的单元能够在更高层级上实现单元"三生一体"的目标。

2）基础设施

随着规模的增加，生物质原料及消耗量也相应增加，为了实现基础设施的效率最大化，相应的基础设施也要重新选择。首先，中型沼气场的产能已经不能满足人居生活的需求，因此在该尺度层级上需要选用大型的沼气设备；其次，充足的原料供应会带来电能的产量过剩，而电能的储存需要昂贵的代价，所以在该尺度上不再通过自给自足的方式供应电能，而是设置规模化的沼气发电厂。

3）空间形态

高密度居住区中的居住空间形态与村庄的居住空间形态大相径庭，空间组成也相应发生了变化。生活空间的局促导致小型生产空间难以维系，因此在该种形式下，需要集中布置生产空间和生态技术空间。而现代农业园区作为一种以规模化和高科技生产为主的单元类型，其内部的长居人口数量较少，更多的人口是以观光旅游的形式出现，是一种理想的集中式生产空间和生态技术空间。将两者结合进行空间形态的布局，是一种良好的空间组合方式。在该组合空间中，人居生活系统和农业生产系统分列两侧，生态技术系统位于两者之间。其中人工湿地作为生活景观更靠近人居生活系统，牲畜养殖和制沼设施由于对环境有较大影响，因此位于农业园区的边缘地带，但其与社区的距离应满足沼气的输送要求（图4.14）。

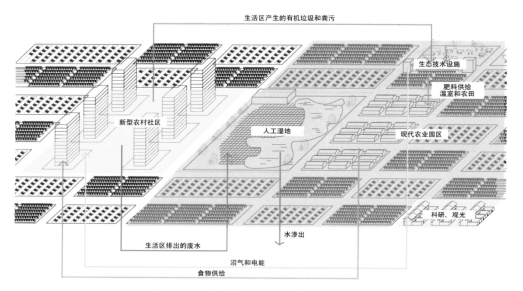

图4.14　社区、园区尺度人居单元的空间形态

4.2.4　乡镇尺度上的单元模型构建

乡镇作为最小的行政单位，其空间组成包括庭院、村庄、社区和园区等多种尺度类型，因此在乡镇尺度上的空间组成包括一个镇中心及其周边环绕的其他各种尺度类型。当单元上升到乡镇尺度层级的时候，其单元空间类型不会发生根本变化，生产、生活和生态空间会根据不同的需求存在集中和分散式布局。该尺度上的层级单元与其他尺度层级单元的区别在于，随着规模的不断扩大，生产类型的多样性不断丰富，逐渐覆盖了人居生活中的所有种类，因此在该层级上能够实现单元高度自给自足的循环模式。

由于乡镇尺度的规模较大，部分基础设施并不能达到乡镇的规模范围，因此乡镇尺度上的基础设施改进主要针对电能进行。在乡镇尺度上，设置一个发电厂用来发电，全乡镇的农业秸秆都可以运至该处。其他尺度的基础设施则都是在低层级单元尺度上运行。

4.3 单元尺度层级间的构建关系

乡村绿色人居单元是利用不同尺度层级的单元逐级组合和补充来构建的，但是在不同尺度层级单元上，其基础设施的选取则具有很大差异。通过构建不同尺度上的描述性模型可以得出，在乡村绿色人居单元的构建过程中，可以运用补充式构建和优化式构建两种构建方式。

补充式构建的基本原则是在由低层级单元到高层级单元的构建过程中，保留其建造之初低层级单元的空间形态和技术设施，随着层级的逐渐升高，通过添加生活和生产要素，优化农业产业结构来实现单元的多样性，使单元更加趋向于自维持。通俗来讲，就是在"三生"体系中，通过改变生产要素来实现高层级单元更趋近于自维持的要求。例如，在由若干村庄尺度的人居单元构成一个社区尺度人居单元的过程中，可以将所有村庄设计为同一种空间形式和技术设施，而区别仅仅在于生产要素的种类，这样既能满足社区尺度上循环系统的构建，同时食物的多样性也能够减轻单元对外界食物的依赖。

优化式构建是通过对当地条件的评估，选择经济性最强、效率最高的技术措施来取代原有设施，实现人居单元在经济和效率上的双重最优化效果，即在"三生"体系中通过改变低层级单元的生态要素来优化高层级的单元结构。例如，通过这种模式实现从庭院尺度到村庄尺度的单元构建，需要用集中式的沼气场来替代原有的户用沼气设施，因为集中式沼气场便于管理，制沼效率高，同时成本相对低。这种构建方式与缺什么补什么的补充式构建方式相比，能够从根本上弥补原有技术的缺陷，合理控制实现自维持目标所需要的空间范围，从某种程度上来说也提高了农业生产的产量。

通过对两种模式的构建方式和效果对比可以看出，乡村绿色人居单元所指的不同层级之间的补充并不仅指在最低层级单元的基础上添加物质来实现单元的自维持，也包括对其技术设施和空间体系的重新组织和规划来实现由低层级单元通过聚集构建高层级单元。

5　乡村人居环境调研与评价

5.1　山东乡村居住区基本情况

5.1.1　自然地理特征

山东省位于北纬 34 度 22.9 分至 38 度 24.01 分、东经 114 度 47.5 分至 122 度 42.3 分之间，东西最长约 700 千米，南北最宽约 420 千米，总面积 15.79 万平方千米，约占全国总面积的 1.6%，在全国各省的面积排名中位居第 19 位。

1）地形地貌

山东省总体地形地貌复杂，中部为隆起的山地，东部和南部为起伏的丘陵区，北部和西北部为平坦的冲积平原——华北平原的一部分。在全省土地面积中，平原面积占 55%，山地丘陵占 28.7%，洼地湖泊占 8.5%，其他占 7.8%。按照地形特征，可以分为鲁中南山地丘陵区、胶东半岛低山丘陵区和鲁西北、鲁西南平原区三大部分。

2）水文

山东省水系较发达，境内河湖交错，水网密布，自然河流的平均密度大于 0.7 千米 / 平方千米。境内主要河流除黄河横贯东西、京杭大运河纵穿南北外，还密布着很多中小河流，其中干流长 10 千米以上的河流有 1500 多条，50 千米以上的有 1000 多条。湖泊集中分布在鲁中南山丘区与鲁西南平原之间的鲁西湖带，主要湖泊有南四湖、东平湖、白云湖、青沙湖、马踏湖等。其中南四湖（微山湖、昭阳湖、独山湖、南阳湖，四湖相连）总面积 1266 平方千米，为全国十大淡水湖之一。

山东半岛三面环海，有 7 个临海的地级市，海岸线全长 3345 千米，占全国的 1/6，在全国各省的海岸线长度排名中位居第二。海滩涂面积及 15 米等深线以内水域面积共 16300 平方千米，占全省陆地面积的 10.4%。全省近海海域 17 万平方千米，比全省陆地面积还大，适合大力开发海洋农业。

3）气候

山东省位于北温带半湿润季风气候区，四季界限分明，雨热同期，春秋短暂，冬夏较长。夏季炎热多雨，冬季寒冷干燥。年平均气温 11 ~ 14 摄氏度。全年无霜期由西南向东北递减，鲁北和胶东年无霜期一般为 180 天，鲁西南区域可达 220 天。

全省光照资源充足，光照时数平均每年 2290 ~ 2890 小时，热量条件可满足农作物一年两作的需要。年平均降水量一般在 550 ~ 950 毫米之间，由东南向西北递减，降水季节分布不均衡，全年降水量的 60% ~ 70% 集中于夏季，易形成涝灾，冬、春及晚秋易发生旱象，对农业生产影响最大。

根据主要农业气候条件的异性，山东省农业气候区划可以分为三个气候区、十三个气候地区。三个气候区分别为：鲁东南沿海湿润农业气候区（Ⅰ），半岛中部、鲁中、鲁西南半湿润农业气候区（Ⅱ），鲁北莱州湾沿岸半干燥农业气候区（Ⅲ）。

4）土壤

山东省共有15个土类，其中以棕壤、褐土、潮土、砂姜黑土、粗骨土面积较大。按照地形地貌、土壤等属性，山东农用土地可以归纳为山丘岭砂地、山麓黄土地、黄泛平原潮土地、涝洼黑土地、盐碱地和水田六大类（表5.1）。

表5.1　山东农用土地类型

类别	分布	土壤类型	种植	占比
山丘岭砂地	鲁中南及胶东土地丘陵的中上部	褐土、棕壤	林草	27.6%
山麓黄土地	胶济沿线和湖东地区的山前平原及山丘地区的山麓阶地、山间盆地	褐土、潮褐土、棕壤	农田	30.8%
黄泛平原潮土地	鲁西北地区	潮土	棉花	23.3%
涝洼黑土地	胶莱及沂沭河冲积平原	砂姜黑土	—	6.2%
盐碱地	鲁西北黄泛平原	盐碱化潮土	—	10.3%
水田	南四湖滨湖洼地、沂沭河平原及沿黄涝洼地	—	水稻	1.8%

5）植被

山东省植被类型较齐全，农业植被有较强的生产力。在气候条件的影响下，山东植被类型主要有落叶阔叶林和温性针叶林、暖温带落叶果树和农田作物。落叶阔叶林主要有栎林、刺槐林、杨树林等；针叶林植被主要有松林、侧柏林等；果树植被有90多个品种，主要以苹果、梨、桃、葡萄、杏、板栗、核桃为主；农作物植被主要有小麦、玉米、甘薯、水稻、大豆、小米、高粱、棉花、蔬菜、麻类、甜菜等。

山东省植被分区可以分为鲁西北平原及鲁北滨海平原栽培植被区；山东半岛栽培植被、赤松林、麻栎林区；鲁中南山地、丘陵栽培植被、油松林、侧柏林、杂木林区；鲁西南平原栽培植被区四个分区。但是目前山东农村的植被主要以速生杨为主，乡土树种被速生杨代替，景观单一且经济价值不高。

5.1.2　经济与社会发展情况

1）经济发展水平

山东整体经济发展水平较高，2019年GDP总量达到71067.5亿元，居全国第三，全省人均GDP为70653元，高于全国平均水平，居全国第八。其中第一产业生产总值5116.4亿元，占全省总量的 7.2%，农民人均纯收入 17775 元。

自 1978 年农村经济体制改革以来，山东省农业发展先后经历了三个时期的变革：20 世纪 70 年代至 80 年代的家庭联产承包责任制时期，20 世纪 80 年代至 90 年代的农业产业化时期，20 世纪 90 年代末至今的农业企业化时期。2012 年党的十八大报告指出："培育新型经营主体，发展多种形式规模经营，构建集约化、专业化、组织化、社会化相结合的新型农业经营体系。"这为山东省农业体制机制创新和现代农业的发展指明了方向。目前山东省内已经形成的经营模式有独户经营、家庭农场、农民合作社（农民专业合作社）、单村企业、多村企业、公司加农户、公司加合作社、公司加合作社加农户、企业生态农场、产业园区等多种形式。至 2014 年，山东省土地经营权流转面积 143.7 万公顷，占家庭承包经营面积的 23.3%，加上供销等服务组织托管的土地，全省土地经营农业规模化率达到32.1%。同时全省农民合作社达到 12.7 万家，家庭农场 3.8 万家，规模以上龙头企业 9200 家。运营尺度涵盖村庄、乡镇、县域、跨县、跨市、跨省。表 5.2 对山东省农业生产业主导类型进行了说明。

表 5.2　山东省农业产业主导类型区划

区划类型	地形特征	农业产业主导类型	代表地区
鲁西南粮食主产区	内陆、平原	小麦、玉米	济宁市汶上县
鲁西北黄河三角洲棉果区	入海口、平原	棉花、枣、水产	滨州市沾化区
胶东半岛近海地区	沿海、低山丘陵	果品、水产	烟台市海阳县
鲁中南山地丘陵区	内陆、山地丘陵	果品、畜牧	临沂市蒙阴县
近海低山区	近海、低山	粮食、瓜果	日照市五莲县
近市区多蔬菜种植区	近市区、平原	蔬菜	潍坊市坊子区
鲁西湖泊区	陆地、平原	水稻	临沂市郯城县

2）农村社会发展情况

山东省人口多，人口密度大，是中国第二人口大省，截至 2013 年底，公安部门户籍统计人口数为 9612 万人（其中农业人口 5482 万人），人口平均密度 619 人 / 平方千米；各地级市人口密度差别较大，分布呈多个同心环、西南高东北低的状态。行政上共分为 17 个地级市（内含济南、青岛两个副省级城市），137 个县域单位（县 60 个、县级市 29 个、市辖区 48 个），1826 个乡镇单位，6.5 万个行政村。

5.1.3　生态农业发展情况

我国是世界三大农业起源中心之一，早在七八千年前，原始农业就已相当发达，夏朝开始向传统农业转变，经过几千年的发展，形成了我国农耕文化"应时、取宜、守时、和谐"的哲学观，以及"共生、趋时、避害、能动、循环、节用"的行动法则。这些观念和法则在维系生物多样性、改善和保护生态环境、保障食品安全、促进资源持续利用、保护独特景观、发展休闲农业等方面具有重要价值及现实意义。山东省农业资源循环利用主要分为两大类，一是通过形成立体生产方式达到生态循环，二是通过农业废弃物资源化达到生态循环。立体生产方式主要有桑基鱼塘、稻田养鱼、鱼菜共生、藕池养鱼、稻田养蟹、上农下鱼、上花下鱼；农业废弃物资源化方式主要有秸秆制生态肥、秸秆养藕、秸秆养食用菌、人畜粪便沤肥、人畜粪便制沼、绿化废弃物制沼、绿化废弃物发电、绿化废弃物造纸等。

山东是农业大省，同时也是人口大省，农业生产的集约化导致农业生产对生态环境产生了巨大压力，因此，山东省自 1985 年起就开始发展生态农业以改善生态环境，并取得了显著的成效，先后进行了大量生态县、生态乡镇、生态村和生态示范户试点建设，并根据经验形成了多种生态农业分区和生态农业发展模式。目前全省共建有生态农业示范县 108 个，生态农业循环基地1200 余个，面积超过 86000 公顷。但生态农业的发展目前仍存在一些问题，如生态循环局限于生产系统内部，很少与生活系统发生关联，或是打着生态的旗号进行伪生态农业发展。

1）分区

根据山东省自然地理环境和社会经济的差异，山东省的生态农业分区大致可以分以下为七类。

第一，鲁中东生态农业区。该区地理地貌相对复杂，平原、丘陵俱存，植被绿化条件好，发展生态农业的自然优势显著。主要包括山东半岛中西部，如济南、淄博、潍坊和日照等。

第二，鲁中南山区生态农业区。该区人均耕地较少，土壤肥力较低，水土流失严重，农业现代化水平较低。但工业污染轻，农业资源类型丰富，农业产业结构多样。主要包括山东中南部各市，如临沂、枣庄、泰安等。

第三，鲁西平原生态农业区。该区光照充足，但水资源紧缺，风沙、盐碱等自然灾害严重，土壤贫瘠。农业生产以种植为主，农业经济基础相对落后，农业科技水平相对较低。主要包括菏泽、聊城等。

第四，黄河三角洲。该区主要包括东营、滨州、淄博与潍坊北部等，自然资源丰富，开发潜力较大，发展前景较好。土壤盐度较大，发展出了独特的上农下渔、上林下渔的生态农业模式。

第五，胶东沿海生态农业区。该区主要位于山东半岛东部，农业生产力水平较高，农业科技水平较高，农业经济发展基础好。主要包括烟台、威海、青岛等地区。

第六，城市郊区生态农业区。这种农业区位于大中城市郊区，以城市为依托，其生态农业发展的突出特点是将提高城郊农业的生态环境放在第一位，兼顾郊区农民经济利益和农业的可持续发展，将城市发展规划与新乡村建设的目标结合起来，注重发展低消耗、低污染、高质量、高效益、高附加值和多功能性的农业。

第七，湖区水乡型生态农业区。依赖河流、湖泊、涝洼地、水库等发展集农业生产与观光旅游于一体的立体生态农业。

2）发展模式

生态农业发展模式主要包括立体模式、食物链模式、生产性景观模式。

（1）立体模式

主要有林粮立体种植模式、林养结合种植养殖模式。林粮立体种植模式主要分布在鲁中南山区生态农业区，主要形式是在林果树下种植低矮农作物，充分利用立体空间，形成立体种植模式。林养结合种植养殖模式，主要形式是在林木下放养家畜、果树下放养家禽，家畜、家禽啃食树下杂草等作为食物，排泄物作为肥料还田。

（2）食物链模式

主要包括"蔬—沼—养"三位一体，"沼气—猪舍—厕所—温室"四位一体等模式。三位一体模式主要分布于鲁西平原生态农业区、黄河三角洲生态农业区。四位一体模式主要分布于鲁西平原生态农业区等地。

（3）生产性景观模式

利用区位优势，发展农家乐，以自主采摘等休闲方式发展农业。或利用空余土地，通过农业种植代替绿化景观，营造生产性的景观。

5.1.4　乡村建设及人居环境发展

1）新农村建设

过去，山东省农村建设都以村庄为基本单元，自给自足，充满活力，但是在工业化、城镇化的大背景下，农村主要劳动力选择进城打工，农村开始衰落，农田撂荒，村庄房屋开始缺少维护，空心化严重，设施难以配套。2005 年，山东开始新农村建设，自此物质条件得到很大改善。截至 2013 年底，全省已建成农村新型社区 5790 个，其中济南、枣庄、泰安、威海、莱芜、德州等市的社区密度较高，而青岛、东营等市较低。预计山东省将在 2030 年建设 7000 个农村新型社区（包括城镇聚合型 3000 个、村庄聚集型 4000 个），30000 个新农村社区，以及 4000 个特色村。

2）乡村人居环境发展建设现状

新型农村社区是按照城市社区的标准在农村建设的社区，它方便了农村基础设施配套，改善了农村居住环境，提高了农村物质生活质量，其更深层次的意义在于有助于集约节约农村土地，发挥土地的经济社会效益，为工业化、城镇化腾出发展空间，这导致并没有在根本上解决农村产业配套和设施配套的问题。

3）乡村市政基础设施建设概况

乡村人居环境是指在一个特定的地域内，为满足乡村居民的生活劳作、居住休息、社会交往等一系列需求，在长期的经济社会发展过程中形成的包括基础设施、公共服务、生态环境和社会经济条件等在内的区域综合环境系统。

（1）道路

2003 年，山东省启动大规模农村公路"村村通"工程，目前全省已实现村村通柏油路，农村公路建设速度、发展规模在全国居于前列。2012 年，部分地级市又提出了"村内通""户户通"工程，以解决村内道路落后，交通不畅的问题。

（2）供水

从 2005 年开始，山东省在全国率先实施了"村村通自来水工程"，截至 2013 年底，全省农村自来水普及率达到 93%，普及人口数量 6000 多万。根据农村与城市距离、农村地下水资源等客观条件，农村供水形式差异较大，主要有远途人工取水、自家打井取水、联户简易供水、单村集中供水、城区管网集中供水、村镇连片集中供水等方式。水库对农村供水意义重大，目前全省有大型水库 33 座，中型水库 157 座，小型水库 6180 座。目前农村用水方式普遍粗放，水资源重复使用、梯级利用不足。

（3）污水处理

农村污水与城市污水不同，其生产污水及生活污水中含有较大的养分，处理后可以作为肥料返田。研究显示，山东省农业生产性污水排放量为 13500 吨 / 月，人均生活污水排放量为 0.756 吨 / 月。污水排放对农村人居环境影响较大，山东在村镇污水垃圾处理设施建设方面不断加大投入、强化管理。目前，全省 1086 个建制镇中有 770 个建有污水处理设施，占建制镇总数的 70%；建设农村新型社区污水处理设施 3440 个，占建成入住社区数的 91%，而对生活污水进行处理的行政村只有 11889 个，占全省总数的 18%，农村尺度上污水处理设施严重不足。

目前山东省乡镇、社区、农村采用的污水处理技术主要有人工湿地处理污水、曝气生物滤池处理、淹没式生物膜处理污水、化粪池处理污水、生态氧化塘处理污水、净化槽处理污水等。

（4）垃圾处理

乡村垃圾是影响乡村环境的一个重要因素，据调查，山东省每年可产生生活垃圾 4.85 万吨～5.48 万吨，生产性垃圾 1.3 亿吨（其中秸秆 1.12 亿吨，动物粪便 747 万吨）。为处理生活垃圾，山东省目前基本实现了生活垃圾的城乡环卫一体化模式，在全省 1086 个建制镇中，已经有 823 个乡镇建有垃圾转运设施，占乡镇总数的 70%；6.5 万个行政村中，有 5 万个建有垃圾收集点，占村庄总数的 77%。农村生产性垃圾中富含大量的养分，为达到资源循环利用的效果，现在农村通过沼气技术、秸秆气化液化技术、生物质燃料等生态技术，将其有效地循环利用并投入到乡村生产与生活之中。

（5）供暖

供给采暖是影响乡村人居环境的重要问题，乡村远离城市、布局分散等特点造成了其集中供暖存在一定的现实问题，除了少量新型乡村社区之外，绝大多数乡村冬季取暖仍靠烧煤或用电空调取暖，既造成了一定的能源浪费、环境污染，同时也存在安全隐患。随着乡村供暖问题得到越来越多的关注，山东省目前尝试并应用了一些冬季供暖模式：工业余热集中供暖、连入城镇集中供暖、单元锅炉集中供暖、分布式光伏电站和碳晶取暖一体化模式、被动式太阳房取暖、生物质气化燃气分散供暖、燃池供暖等，但总体占比不大。

（6）供电

山东省目前已实现了乡村电气化，全部乡镇已接入国家电网。乡村发电形式比城市方式更多，其中许多是与农业生产相关联的，如太阳能光伏发电、沼气发电等。

（7）燃气

随着生活水平的提高，全省燃气覆盖率达到了49.3%，除经济较差或偏远地区保留了秸秆薪柴以外，山东省农村目前基本全部使用液化气、天然气或电作为热力来源。有一些能源循环较好的农村，也使用沼气或秸秆气化提供燃气。农村沼气用户累计达到260万户，有各类沼气工程6535处，其中大中型工程629处。

5.2　调研设计

根据以上山东乡村住区基本情况设计了调研表格，并根据相关文献、资料等寻找案例线索，确保案例特征能够全覆盖或尽量覆盖调研表格，以保证调研目标的覆盖率及典型性。

调研设计原则：

① 典型性。保证选点具有一定的共性特征，能够覆盖山东省居住区类型的典型情况。

② 可操作性。尽量保证选点精确，保证覆盖各种地形地貌、经济发展情况、生态农业分区等要素，确定合理的工作量，在物力、人力、财力有限的情况下，保证调研完成度及质量。

③ 兼顾经验积累与总结。在选取调研项目的过程中，根据自身经验或他人建议，补充调研项目。

根据上述原则，在全省范围内选取了44个调研项目（表5.3），有些调研项目并不完整，但其中的某些特性有助于保证调研覆盖率及补充认知框架，能够为以后提取山东绿色乡村住区模式储备资料。

表 5.3　调研案例基本概况

地市	编号	名称	农业生产基本设施情况	地形地貌	地理位置	人口密度	气候分区①	农用地类型①	植被分区②	经济水平③	主要产业类型	生态农业分区④	运营模式	运行尺度	空间模式类型	备注
济南	1	济南市农高区现代都市农业精品园	太阳能为沼气发酵罐增温,蔬菜废弃物制沼,供园区生活设施使用	丘陵	内陆	高	Ⅲ	1	3	高	种植	1	企业	园区	社区	占地7万平方米,包括28座日光温室,1万平方米智能温室,300平方米生活、办公用房
	2	济南市历城区仲宫镇艾家村	蔬果种植,沼气返田	丘陵	内陆	高	Ⅲ	1	3	高	种植 养殖	1	—	村庄	村庄	生态、度假、休闲为主题的民俗旅游村;山东省"生态家园富民计划"试点村;第一批国家级生态村
	3	济南市历城区董家镇柿子园村	粪便制沼供蔬菜大棚施肥,四位一体、六位一体大棚	丘陵	内陆	高	Ⅲ	1	3	高	种植 养殖	1	企业	村庄	村庄	济南柿子园市都生态循环农业园
	4	济南市长清区云溪庄园	大棚农家院	丘陵	内陆	高	Ⅲ	1	3	高		1	—	—	—	—
青岛	5	青岛市即墨普东镇上泊村	牛粪、生活垃圾制沼,沼气做饭,沼液、沼渣作为有机肥料还田	平原	沿海	中	Ⅱ	2	2	高	种植 养殖	5	企业 + 合作社	村	—	上泊村耕地178公顷,共有534户,1958人,建有村沼气站
	6	青岛市即墨普东镇中心社区华盛太阳能农庄	光伏大棚种植蔬菜苗木508亩,产电2100千瓦·时/年,会员直供蔬菜	平原	沿海	中	Ⅱ	2	2	高	种植 林业	5	企业 农场	社区	乡镇	太阳能小镇

续表 5.3

地市	编号	名称	农业生产基本设施情况	地形地貌	地理位置	人口密度	气候分区	农用地类型	植被分区	经济水平	主要产业类型	生态农业分区	运营模式	运行尺度	空间模式类型	备注
淄博	7	淄博市萌山湖桔杆槽沟有限公司	秸秆养藕	丘陵	内陆	高	III	1	2	较高	种植	6	生态农场	乡镇	村	周村区萌水镇化安村、萌山水库
	8	淄博市周村区北郊北镇北旺庄农村社区	淄博市首个利用中水回用设施对生活污水进行集中收集处理的农村社区,免费为周边种植户的苗木园灌溉苗木	平原	内陆	高	III	1	3	较高	种植	1	—	—	社区	日处理200立方米,能处理8000人产生的生活污水
	9	淄博市临淄区金山镇沼气服务及循环农业园	畜禽粪便、农作物秸秆和生活垃圾双制沼,沼气用于生活。运用太阳能路灯	丘陵	内陆	高	III	1	3	较高	种植养殖	1	合作社	乡镇	社区	金山镇:南王镇南边河镇合并而成
	10	淄博市临淄区皇城镇翠竹生态园	生物反应堆技术,有机无土栽培技术,微滴灌溉肥一体化技术	平原	内陆	高	III	1	3	较高	种植	6	企业	—	—	集蔬菜冷藏、保鲜、种植、销售,蔬菜种苗,有机肥销售于一体的企业
	11	临淄区风兰敬仲桂业合作社	"上兰下鱼"立体混养模式	平原	内陆	高	III	1	3	较高	—	6	合作社	—	—	—
	12	淄博市临淄区朱台镇西单村	蔬菜大棚、养殖、沼气、沼气处理污水、青贮饲料	平原	内陆	高	III	1	3	较高	种植养殖	6	合作社	村庄	村庄	1983年统一建生态庭院,20世纪90年代率先兴建大型沼气池,全村管网供气,公共建筑统一供暖
	13	淄博市高青县山东绿龙高效生态农业示范园	植物工厂、"种—养—沼—肥"、智能日光温室	平原	内陆	中	III	1	3	较高	种植养殖	4	企业	跨省	—	—
	14	淄博市高青蓑衣樊村	稻田养蟹、生态观光	平原	湖区	中	III	1	3	较高	种植渔业	4	合作社	村庄	村庄	—

续表 5.3

地市	编号	名称	农业生产基本设施情况	地形地貌	地理位置	人口密度	气候分区	农用地类型	植被分区	经济水平	主要产业类型	生态农业分区	运营模式	运行尺度	空间模式类型	备注
枣庄	15	枣庄市山亭区西集镇枫林家庭农场木耳种植基地	秸秆养菌、苗木果树、粮食蔬菜种植	平原	内陆	中	II	2	3	较低	种植	2	企业	—	—	—
	16	枣庄市山亭区北庄镇洪门村	生态庭院示范村、葡萄种植	山区	内陆	中	II	2	3	较低	种植	2	合作社	村庄	村庄	—
东营	17	东营市垦利区永安镇高盖村	分布式光伏电站和碳晶取暖一体化系统	平原	沿海	低	III	6	1	较高	种植	4	农户	村庄	村庄	—
	18	东营市垦利区惠鲁社区	多村合并型新型社区	平原	沿海	低	III	6	1	较高	种植	4	—	—	社区	—
	19	东营市利津县陈庄镇郭屋村	稻鸭共生生态养殖模式	平原	内陆	中	III	6	1	较高	种植养殖	4	农户	村庄	村庄	—
	20	东营市利津县汀罗镇前郭村	上农下渔、鱼蟹虾立体混养	平原	内陆	中	III	6	1	较高	种植渔业	4	农户	村庄	村庄	—
烟台	21	烟台市海阳市大闯家庄西沽头村	"猪—沼—菜"三位一体大棚	平原	沿海	低	II	4	2	高	种植养殖	5	农户	村庄	社区	—
	22	烟台市牟平区玉林店镇民生农村艾维农场	鱼菜共生、种养结合的可持续生产，建立对资源依赖小的自给自足型生态农场	平原	沿海	低	II	4	2	高	种植养殖副	5	企业农场	村庄	村庄	可以为干旱缺水及不适合农业生产的地区提供思路与启示
	23	烟台市万华生态板业（栖霞）有限公司	位于栖霞市官道镇红旗牧场年产5万立方米秸秆板	平原	沿海	低	II	4	2	高	种植	5	企业	—	—	农业剩余产物秸秆、果树枝等替代木质纤维，"以草代木"
	24	烟台市蓬莱区刘家沟镇马家沟村	村建设1000立方米沼气池处理生活污水与生产垃圾	平原	沿海	低	II	4	2	高	种植	5	企业＋合作社	村庄	村庄	村庄改建为多栋多层住宅

续表 5.3

地市	编号	名称	农业生产基本设施情况	地形地貌	地理位置	人口密度	气候分区	农用地类型	植被分区	经济水平	主要产业类型	生态农业分区	运营模式	运行尺度	空间模式类型	备注
潍坊	25	潍坊市诸城常山永辉生态农场	2015 年首批山东省生态休闲农业示范园区	低山	内陆	中	II	2	3	较高	种植	2	家庭农场	—	—	背山形成独特小气候环境；以休闲农业、旅游观光、有机采摘结合当地文化、种植水果、茶叶等，间作有机蔬菜、粮食
	26	潍坊市安丘市辉渠小麦岭村	户用沼气、泥肥、有机大棚，双改后推行农家乐	山区	内陆	中	II	2	3	较高	种植养殖	2	合作社+农户	乡镇	村	村庄保持传统风貌
	27	寿光市现代农业产业园七彩庄园高端蔬菜基地	由农业产业化国家重点龙头企业寿光蔬菜产业控股股份集团投资 2 亿元建设的现代农业产业园，占地 106 公顷	平原	内陆	中	II	2	3	较高	种植	4	产业园区	—	—	辐射带动周边 2300 公顷地规模化经营，1.6 万户农民参与园区化生产。通过土地流转，集中建设了 137 个拱棚式蔬菜园区，规划建设面积 5900 公顷
济宁	28	济宁市梁山县小路口镇马楼村	村中的滩涂洼地被规划建设成了 100 余亩的生态鱼塘，引黄河水、放养黄河鱼，为游客提供了划船戏水、休闲垂钓的场所。黄河滩区千亩无公害西瓜	平原	内陆	中	II	6	4	较高	种植渔业	2	独户	村庄	村庄	—
	29	济宁市嘉祥县卧龙山街道迁楼村	每个宣基地门前部有 5-18 米长、1.2 米宽、0.18 米高的水泥墙，潆笆种植果蔬，营造了良好的生产性景观	平原	内陆	高	II	6	4	较高	种植	2	独户	村庄	村庄	—
	30	济宁市鱼台县王庙镇旧城里村	围圩建村，鱼藕立体种植	平原	内陆	高	II	6	4	较高	种植	7	独户	村庄	村庄	—

续表5.3

地市	编号	名称	农业生产基本设施情况	地形地貌	地理位置	人口密度	气候分区	农用地类型	植被分区	经济水平	主要产业类型	生态农业分区	运营模式	运行尺度	空间模式类型	备注
泰安	31	泰安市宁阳县伏山镇张庄村	生态厕所	平原	内陆	高	Ⅱ	2	3	中等	种植 养殖	2	—	村庄	村庄	秸秆：生物质发电＋青贮间料
	32	泰安市宁阳县伏山镇国电生物质发电公司	发电量2.2亿千瓦·时/年，年消耗各类秸秆25～28万吨	平原	内陆	高	Ⅱ	2	3	中等	种植 养殖	2	—	乡镇	乡镇	热电联产供暖，已供暖面积50万平方米
威海	33	威海市经济技术开发区泊子镇海西头村	2处大型沼气站集中供应800户	丘陵	沿海	高	Ⅰ	2	3	中等	种植	5	—	村庄	村庄	村庄协作
	34	威海市环翠区泊子镇蒲湾村秸秆气化站	秸秆气化站，每年可消耗500余吨秸秆、枯树叶等，供生活使用	丘陵	沿海	高	Ⅰ	2	3	中等	种植 养殖	5	—	村庄	村庄	村庄协作
莱芜	35	莱芜市高新区郭家沟村	村投资120万元建设污水处理厂1座，出水可用于社区树木花草中灌溉	平原	内陆	中	Ⅱ	1	3	中等	种植	2	—	乡镇	村庄	占地20多平方米，日处理生活污水150立方米，适合远离城市管网村庄
	36	莱芜市莱城区大王庄镇竹园子村	山坡上是居民楼，山坡下是沼气池和垃圾压缩站，生活及养殖污水流入沼气池，产生的沼气再用于居民的生活	平原	内陆	中	Ⅱ	1	3	中等	种植 养殖	2	—	村庄	村庄	村级沼气池处理生活粪污，满足生活燃气需求，污水处理站处理生活污水

续表5.3

地市	编号	名称	农业生产基本设施情况	地形地貌	地理位置	人口密度	气候分区	农用地类型	植被分区	经济水平	主要产业类型	生态农业分区	运营模式	运行尺度	空间模式类型	备注
临沂	37	临沂市兰陵代村国家农业公园	山东省唯一一个国家农业公园试点项目，规划总面积4.1万公顷，其中核心区1300公顷，示范区6600公顷，辐射区3.3万公顷	丘陵	内陆	中	Ⅱ	4	3	中等	种植渔业	2	产业园区	园区	社区	兰陵县下庄街道代村村
	38	临沂市平邑县弘毅生态农场	科技农场，种养结合，饲料、废弃物制沼	平原	内陆	中	Ⅱ	4	3	中等	种植养殖	2	企业农场	农场	村	—
	39	临沂市沂水县四十里堡镇沼气县级服务中心	统一收集范围内养殖场生产的沼液沼渣，进行沼液沼渣分离之后，沼肥管道或罐装还田	平原	内陆	中	Ⅱ	4	3	中等	种植养殖	2	—	—	乡镇	秸秆固化制高效燃料，四位一体大棚
德州	40	德州市乐陵市黄夹镇梁希森薪村	青贮饲料—养牛—牛粪制沼—沼渣养蚯蚓—蚯蚓制作肥料，沼气发电供农村生活	平原	内陆	中	Ⅲ	4	1	中等	养殖	3	村企	村	村	—
滨州	41	滨州市无棣县鑫嘉源现代农业示范区	占地200余公顷大棚，大型沼气池供临近4个社区300户村民（何庵社区、李间庵社区等）使用率低，苗圃林木、粉煤灰改良盐碱地	平原	内陆	低	Ⅲ	3	1	较低	种植	4	企业	园区	社区	无棣县水湾镇政府驻地以东5千米、李间庵村以南
	42	滨州市无棣县西小王镇东黄村	棉花秸秆制成生物质原料	平原	沿海	低	Ⅲ	3	1	较低	种植	4	—	村	乡镇	鲁北棉花第一镇
菏泽	43	菏泽市东明县东黑管营村	养殖小区，建大型沼气池处理养殖污水及生活污水，沼气做饭，沼肥返田	平原	内陆	低	Ⅱ	2	4	较低	养殖	3	—	村	村	—
	44	菏泽市曹县山东银香伟业集团有限公司	种植—青贮饲料—养殖—沼气—返田，发电	平原	内陆	中	Ⅱ	2	4	较低	种植养殖副业	3	多村企	县	社区	—

注：①气候分区：Ⅰ 为鲁东南沿海湿润农业气候区，Ⅱ 为半岛中东部、鲁中、鲁西南半湿润农业气候区，Ⅲ 为鲁北莱州湾沿岸半干旱农业气候区。

②农用地类型：1 为山岭丘岭砂地，2 为山麓黄土地，3 为黄泛平原潮土地，4 为涝洼黑土地，5 为盐碱地，6 为水田。

③植被分区：1 为鲁西北平原及鲁北滨海平原栽培植被区，2 为山东半岛滨海平原栽培植被区，3 为鲁中南山地、丘陵栽培植被、赤松林、麻栎林，4 为鲁西南平原栽培植被区、油松林、侧柏林、杂木林区。

④生态农业分区：1 为鲁中东部生态农业区，2 为鲁中南山区生态农业区，3 为鲁西南平原生态农业区，4 为黄河三角洲，5 为胶东沿海生态农业区，6 为城市湖区生态农业区，7 为湖区水乡型生态农业区。

5.3　实例调研数据整理

5.3.1　调研案例整体情况说明

按照调研设计，通过访谈记录法与照片实证法前后共调研山东省内案例44个，达到预期效果38个，占调研案例的86.4%。根据调研发现，山东省乡村人居环境建设与农业产业发展普遍存在关联性，但关联性强弱程度呈现出巨大的差异。

基于课题的宗旨，分别从社会组织方式、代谢模式、空间要素三方面对案例进行评价。社会组织方式是指组织单元生产、生活正常运行的领导组织，包括农民合作社、企业、"企业＋合作社"等。代谢模式主要包括关键物质流（水、养分、能源）及支撑关键物质流流动的一体化基础设施。空间要素主要包括生产、生活、生态空间的比例、布局等。

由于调研设计是基于网络、新闻、论文等二手资料为线索，调研过程中，发现实际情况与预想存在偏差，有些案例中的生产系统与生活系统的关联超出预期，有些案例则没有达到预期——生产系统与生活系统联系相对简单，无法符合课题宗旨，但其中某一部分特征仍具有借鉴意义。基于此，将调研案例分为理想模板型和局部借鉴型。

5.3.2　调研案例社会组织方式分析

社会组织方式可通过影响单元空间形态及生态型基础设施的代谢效率对生产、生活、生态型基础设施运行等方面产生重要影响。例如户式沼气池，由于独户式的运行主体，导致运行过程中使用、维护存在诸多问题，已基本衰落，呈现出向村庄和社区尺度转变的趋势。调研案例的社会组织方式大致可归纳为传统农户、"企业＋村庄"、农民合作社、企业等几种基本形式，以及两者或以上的混合形式（表5.4）。实地调研发现，"企业＋村庄"和农民合作社能够保障经济社会发展动力，是生产、生活一体化的良好组织方式，也能够积极构建一体化基础设施促进单元的循环代谢，对保障一体化基础设施的健康运行具有重要作用。遗憾的是，由企业主导的农业园区，虽然在生态农业系统内部组织较好，但与生活系统的关联严重不足。

表 5.4　社会组织方式统计

组织方式	数量	组织方式	数量
传统农户	7	农民合作社	11
企业＋村庄	7	企业	15
家庭农场	1	两种以上	3

传统农户是农村传统的社会组织方式，随着家庭养殖业的衰落，传统农户尺度上的生产、生活一体化逐渐瓦解。同时，由于传统农户受经济、技术、人力、物力等条件的制约，其生产系统与生活系统之间的关联一般停留在相对简单的层面，但在营造生产性景观，丰富生产、生活空间方面具有一定的潜力。如济宁市嘉祥县汪楼村，该村各户利用宅基地门前的空余位置，形成了长 5～18 米、宽 1.2 米的生产空间用来种植果蔬，果蔬品种众多，不仅节约土地，满足生活的食物需求，还形成了丰富的生产性景观，以绿治乱，以绿治脏，改善人居环境（图 5.1）。

图 5.1　济宁市嘉祥县汪楼村

农民合作社在促进农村生产、生活一体化的过程中具有重要作用，主要包括盘活生产、生活各要素，发展农业现代化，增强参与动力等，例如淄博市临淄区西单村。2007 年，西单村农民合作社组织建设了 1000 立方米的村级沼气池，用于消纳村内养殖产业产生的牛粪和生活粪污，并将生产的沼气作为燃气经管道运输至生活空间，沼液、沼渣作为肥料还田。不仅有效治理了养殖污染，改善了人居环境，还充分保证了养分代谢的进行，将生产、生活关联在了一起（图 5.2）。

图 5.2　淄博市临淄区西单村

企业一般具有较好的经济基础，在通过流转农村土地进行现代化农业生产，组织发展生产、生活一体化中具有较大的潜力。企业呈现的形式多样，包括各类公司、产业园区、生态农场等。企业大多侧重于生产，以生产盈利为目的，忽略生产与生活系统之间的关联，但其中也不乏理想模式，如德州市乐陵市黄夹镇梁锥希森新村。该村土地全部流转给当地企业希森三和集团有限公司进行养殖业发展，并依托企业的大型沼气池形成了良好的生产系统与生活系统的物质能量循环，主要表现为：住区的生活污水排进污水处理池与牛粪混合，再排入沼气池进行沼气发酵。公司为居住区提供沼气作为燃气，并利用多余的沼气发电提供一部分电力能源（图5.3）。

图5.3　德州市乐陵市黄夹镇梁锥希森新村

"企业＋农民合作社"是以企业与农民合作社联合的方式组织生产生活，比单独企业式的组织方式更能对农村生活系统进行介入，但合作社作用普遍较弱。代表案例是淄博市高青县蓑衣樊村（图5.4），村庄三面环水，自然条件优越，全村土地以租赁形式进行统一耕种和管理，集中规模经营100公顷生态水稻，并发展了农家乐等休闲农业模式，利用湿地处理生活污水。

图5.4　淄博市高青县蓑衣樊村

5.3.3 调研案例代谢模式分析

代谢模式的分析主要包括关键物质流分析及其基础设施状况，特别是对一体化基础设施状况的分析。

调研过程中发现，德州梁锥希森新村、淄博西单村、烟台马家沟村等案例构建了生产、生活高度一体化的基础设施，农村新型社区案例则表现出生产、生活隔离的普遍趋势，传统村庄则介于两者之间，以传统低技术的粪便堆肥返田方式在生活和生产系统之间保持着联系。随着家庭养殖业的凋敝，山东省曾经高度普及和发达的庭院经济或庭院生态系统被瓦解，出现了偏重景观化的转型迹象。相应的，曾占主导地位的"三生一体"的典型基础设施——沼气设施，也面临着家庭尺度上的衰落，向村庄和社区尺度转型成为必然趋势。新兴的农业产业园区很少考虑与周边村庄的代谢联系。

1）水代谢

调研数据显示，目前农村生活用水大多通过打井取水的方式取得，供应尺度大多为单村或多村连片；园区或产业园区则根据地理位置，大多接入城镇管网集中供水，离城镇较远的仍通过打井取水；生产用水根据地理位置，离河流湖泊近的地方就引用附近水源灌溉，其他则打井取水（表 5.5~ 表 5.7）。总体用水方式粗放，水资源利用效率低，且具有一次性的特点，循环利用与梯级利用不足，很大一部分原因来自用水方式单一及缺少污水处理设施。同时，农村生活污水排放是影响人居环境的重要因素，传统的随意泼洒、自然蒸发严重破坏了人居环境（此处不讨论粪便污水的处理方式，这一内容在养分循环中予以讨论）。

表 5.5　供水情况

供水类型	总量	本地	临近
生活用水	44	29	15

表 5.6　供水方式

方式	远途人工取水	自家打井取水	联户简易取水	单村集中供水	城区管网集中供水	村镇连片集中供水
数量	1	2	0	19	4	18

表 5.7　尺度统计分析

尺度	独户	多户	村庄	多村连片	园区	社区	乡镇	县域	市域及以上
数量	1	0	19	10	2	1	9	2	0

调研中发现，通过污水处理设施进行污水处理、构建用水生产生活一体化的案例不到一半，且差异较大，运行尺度主要以村庄、社区、园区为主（表 5.8~ 表 5.10）。值得借鉴的案例有：德

州乐陵市黄夹镇梁锥希森新村利用村级沼气池处理全村生活与生产污水，发酵沼气供应全村燃气；淄博市周村区北郊镇北旺庄社区、莱芜市高新区郭家沟与莱城区大王庄镇竹园子村利用污水生物集成处理设备处理全村生活污水，经稳定生态塘降解、净化后进行村庄社区树木花草的灌溉；淄博市高青县蓑衣樊村利用粪污和污水先进入化粪池，再从化粪池排进净化槽，净化槽里的污水最后排入生态稳定塘的方式进行污水处理。

表5.8　排水方式

排水方式	无	明沟排水	管网排水
数量	4	17	22

表5.9 污水处理有无

污水处理方式	无	有
数量	21	21

表5.10　污水处理方式

方式	数量	处理尺度	其他
沼气池处理	3	村庄（2）、园区（1）	—
生态稳定塘处理	2	村庄（2）	水体丰富
污水生物集成处理设备	3	村庄（2）、社区（1）	—
污水处理厂处理	6	园区（6）	离城镇较近
化粪池处理	6	村庄为主	—
沉淀池处理	2	园区	主要处理生活用水，离城镇较远
化粪池＋净化槽＋生态塘	1	村庄	水体丰富，有配置生态塘的自然条件

　　莱芜市高新区郭家沟村利用一个占地仅20平方米的污水生物集成处理设备，每天处理150立方米的生活污水，满足全村380户的生活污水处理需求（图5.5）。这种污水生物集成处理设备自动化程度高，无须专人管理，出水可用于村庄社区树木花草的灌溉，特别适用于远离城市管网地区的生活污水处理。

图5.5　莱芜市高新区郭家沟村污水处理站

综合案例分析，目前山东农村的水代谢常用基础设施及模式如图5.6所示。

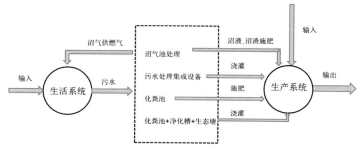

图5.6 山东农村的水代谢常用基础设施及模式

2）养分代谢

（1）厨余垃圾

在调研中发现，所有调研对象全部采用生活垃圾城乡环卫一体化模式，这种省力化的垃圾处理方式，破坏了原有的厨余垃圾循环利用方式。在调研项目中，仅有两个项目（表5.11）利用生活厨余垃圾进行沼气发酵，实现了对厨余垃圾的再利用，其余均随其他垃圾收集后转运。

表5.11 生活垃圾处理方式

方式	数量	处理区域
收集后制沼	2	区域内
收集后转运	41	区域外

济南市农高区现代都市农业精品园依托产业园区一个容积为200立方米的蔬菜废弃物沼气工程，将产业园区内20名工作人员产生的厨余垃圾及种植产生的蔬菜废弃物进行沼气发酵，从而对废物进行了循环利用——沼气输入大棚调节二氧化碳浓度，构建了连通生产系统与生活系统的基础设施。

（2）厕所粪污

全部调研项目中的厕所主要有旱厕、水冲式厕所、生态旱厕三种形式（表5.12）。少数案例仍使用传统旱厕，未进行改造的原因大多是因为水资源的匮乏，目前旱厕清理粪污的方式多为填埋处理。全部改为水冲式厕所的案例有一半以上，其余案例则进行了部分水冲式厕所改造。乡村的水冲式厕所与城市水冲式厕所不同，大多配有化粪池，粪污经化粪池发酵后，可作为肥料返田。大多案例是自家人工抽取。这种水冲式厕所既可改善人居环境，又可利用粪污有机物。部分水冲式厕所连接沼气池，粪污经过沼气池发酵后还田。

泰安市宁阳县伏山镇张庄村采用粪尿分离式生态厕所：小便用桶，清理频繁，清理后浇地；大便进入户用化粪池，化粪池一年清理一次，清理后还田。厕所内设排气孔，略有气味，这个一体化基础设施可供其他地区参考。

表 5.12　厕所形式

厕所形式	旱厕	旱厕（部分为水冲式厕所）	生态旱厕	水冲式厕所
数量	7	10	1	25

农村的厕所粪污大多使用化粪池、沼气池等一体化基础设施进行了养分的代谢利用，并没有较大的浪费（表 5.13）。

表 5.13　厕所粪污处理方式统计

方式	化粪池发酵后还田	填埋	填埋、化粪池发酵后还田	填埋、沼气池发酵后还田	沼气池发酵后还田	沤肥返田
数量	18	7	9	1	7	1

淄博市临淄区西单村的居民每户每年两次自行抽取自家化粪池粪污送往村内 1000 立方米的大型沼气站进行沼气发酵，产生的沼气作为燃气通入村内每户居民。

（3）种植有机垃圾

种植有机垃圾主要包括各种农作物秸秆和蔬果废弃物，是影响农村"三大堆"的重要因素之一。根据调研，种植有机垃圾年产量巨大，依托一体化基础设施，通过转化技术手段将废物资源化后，较易与生活系统发生关联。目前种植有机垃圾的处理方式主要有粉碎还田、运出填埋、青贮饲料、制木耳种植菌袋、制沼、气化—液化、制生物质燃料、燃烧发电等，其中制沼、气化液化、制生物质燃料、燃烧发电等有效关联生产系统与生活系统，对生产生活系统一体化具有重要作用（表 5.14）。

表 5.14　种植有机垃圾处理方式统计

方式	数量	处理区域	三生关联性	备注
制沼	2	区域内	有	关联生产生活系统
粉碎还田	13	区域内	无	生产内部循环
青贮饲料	7	区域内	无	生产内部循环
运出填埋	2	区域外	无	—
气化—液化	1	区域内	有	关联生产生活系统
制生物质燃料	2	区域内	有	关联生产生活系统
燃烧发电	1	区域内	有	关联生产生活系统
制秸秆被	1	区域内	无	生产内部循环
制木耳种植菌袋	2	区域内	无	生产内部循环

威海市环翠区泊于镇蒲湾村秸秆气化站，占地 4800 平方米，建筑面积共计 950 平方米，贮气容量 1600 立方米，每年收集并消耗 500 余吨秸秆、枯树叶等种植有机垃圾，秸秆气化后通过管网供全村 828 户居民使用，可有效解决浦湾村的"三大堆"问题，明显改善其生态环境，具有很好的可持续性与三生关联性（图 5.7）。

图 5.7　威海环翠区泊于镇蒲湾村秸秆气化站

（4）养殖禽畜粪便

养殖禽畜粪便处理方式有制沼、堆肥等。27 个有规模养殖的调研项目中，19 个利用沼气池处理禽畜粪便，其余通过堆肥返填。经过沼气池处理的禽畜粪便案例中，沼液、沼渣全部还田，但有部分案例的沼气并没有得到有效利用，原因大多为管道铺设不足（表 5.15）。

表 5.15　养殖禽畜粪便处理方式统计

方式	数量	处理区域	三生关联性	其他
堆肥	8	区域内	无	生产系统内部
制沼	18	区域内	有	全部为大中型沼气池
堆肥 - 制沼	1	区域内	有	—

代表案例为青岛市即墨移风店镇上泊村的村级沼气池，它收集村庄及周边养殖粪便、生活厨余垃圾等物质发酵制沼气，沼气作为燃气供全村 500 户居民使用。这种通过大中型沼气站集中处理生活生产垃圾的方式，对改善人居环境起到了重要的作用（图 5.8）。

图 5.8　青岛市即墨移风店镇上泊村

临沂市沂水县四十里堡镇沼气县级服务中心占地面积 10000 平方米，有工作人员 5 名，种植区域约为 300 平方米，种植玉米及各类蔬菜。园区内设有 200 立方米的沼气池；产生的沼气供周围村庄20户居民使用。园区内另设2000立方米的沼液贮存池,位于蔬菜种植区域下方,进行沼液、沼渣无菌化处理。沼液来源于周围养殖场,服务中心免费为养殖场建设200立方米的沼气池,每年抽取3次沼液。但目前对沼气的利用不充分,沼气大多挥发掉了。服务中心现已免费建设此类沼气池17个,沼气服务中心辐射半径可达15千米。目前沂水县还有三个类似的沼气服务中心,分别位于高桥镇、马寨镇、杨庄镇。服务中心还发展了两个"四位一体"的蔬菜大棚,占地面积660平方米,分成40块向市民、农园出租,大棚内养殖猪2头,配有50立方米沼气池(图5.9)。

图5.9 临沂市沂水县四十里堡镇沼气县级服务中心

综合案例分析,目前山东农村的养分代谢常用基础设施及模式如图5.10所示。

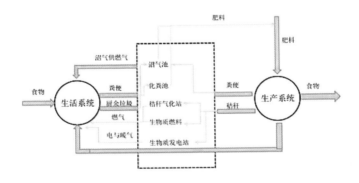

图5.10 山东农村的养分代谢常用基础设施及模式

3)能量代谢

(1)电

通过调研得知,全部调研对象均已接入国家电网,通过国家电网取电,但其中有部分调研对象依托当地不同的农业资源环境,通过沼气、光伏、生物质燃烧等方式发电进行部分用电平衡(表5.16)。如德州市乐陵市黄夹镇梁锥希森新村中的希森三和集团有限公司,通过牛粪制沼,为居住区提供沼气作为燃气,并利用多余的沼气发电提供部分电力能源,1立方米沼气能够生产1.5千瓦时电量。

表 5.16　供电方式统计

供电方式	数量	可持续性	三生关联性
外接常规电力	35	差	无
太阳能光伏发电供电、外接常规电力	3	一般	有
太阳能光伏发电、风力发电、外接常规电力	1	一般	有
沼气发电供电、外接常规电力	1	一般	有
生物质燃烧发电	2	较好	有
太阳能光伏发电供电	1	好	有

通过这些发电方式生产的电，一般会并入国家电网，而不是供本地使用。例如济南市农高区现代都市农业精品园，该产业园区利用蔬菜大棚上方的空余位置安装了 510 平方米的太阳能光伏板进行光伏发电，每天可发电 400 千瓦时以上，并将这部分电并入国家电网，进行用电平衡。

（2）热力（冬季供暖）

农村冬季供暖是改善农村人居环境重要的一环，由于位置偏远、布局分散、经济条件限制等各种现实因素影响，农村地区很难做到集中供暖，因此会采取各种可能的措施进行自供暖。根据调研数据显示，采取各种供暖措施进行冬季供暖的项目有 34 个（表 5.17），完全没有任何供暖措施的项目有 9 个。

表 5.17　供暖方式统计

供暖方式	数量	热力来源
燃烧天然气取暖	1	区域外
家庭烧煤、柴自供暖，用电取暖	7	区域内、外
家庭烧煤、柴自供暖	11	区域外
连入城镇集中供暖	1	区域外
家庭烧煤、柴自供暖，分布式光伏电站和碳晶取暖一体化，被动式太阳房取暖，用电空调取暖	1	区域内、外
地下温泉供暖	1	区域内
工业余热集中供暖	1	区域内
用电空调取暖	7	区域外
家庭烧煤、柴自供暖，被动式太阳房取暖，用电取暖	1	区域内、外
单元锅炉集中供暖	2	区域外
碳晶用电取暖	1	区域外
总计	34	—

有冬季供暖的 34 个案例中，集中供暖的仅有 4 个：德州市乐陵市黄夹镇梁锥希森新村利用当地地下 70℃温泉水进行冬季集中供暖，泰安宁阳伏山镇国电生物质发电公司利用生物质燃烧发电余热进行集中供暖，东营市垦利区惠鲁社区单元锅炉集中供暖，淄博市周村区北旺社区连入城镇集中供暖（表 5.18）。

表 5.18 集中供暖具体方式

案例名称	热力来源	来源区域	可持续性	其他
乐陵市黄夹镇梁锥希森新村	70℃温泉水	区域内	好	资源特殊不具有普适性
伏山镇国电生物质发电公司	燃烧秸秆废弃物发电余热	区域内	好	供暖能力强
东营市垦利区惠鲁社区	烧煤	区域外	差	—
淄博市周村区北旺社区	烧煤	区域外	差	—

在泰安宁阳伏山镇国电生物质发电公司调研案例中，该公司每年可通过燃烧消耗各种农作物秸秆 25 万～28 万吨，发电 2.2 亿千瓦时，基本消耗掉该县域范围内 60% 的农作物秸秆，有效解决了农村秸秆废弃物处理问题，并可利用燃烧余热供暖 120 万～150 万平方米，目前已经完成供暖 50 万平方米。与常规电厂相比，这种发电方式可以达到二氧化硫、二氧化碳零排放，其产生的 2 万～3 万吨炉灰、炉渣可以用于制造钾肥或粉煤砖，产生的工业余热还可解决部分冬季供暖问题。

在其他自供暖方式中，用电或烧煤取暖的占大多数，这不利于生态环境的可持续发展。分布式光伏电和碳晶取暖一体化虽不关联农业生产，但也属于非常适宜农村的基础设施（表 5.19）。

表 5.19 自供暖具体方式

供暖方式	热力来源区域	可持续性
燃烧天然气取暖	区域外	一般
家庭烧煤、柴自供暖	区域外	差
用电空调取暖	区域外	较差
用电碳晶取暖	区域外	较差
分布式光伏电和碳晶取暖一体化	区域内	好
被动式太阳房取暖	区域内	好

东营市垦利区垦利镇高盖村采用分布式光伏发电和碳晶取暖一体化的供暖方式，利用住宅屋顶安置的 16 块太阳能光伏电板、住宅内部安装的碳晶板通电供暖，供暖所消耗的电力可通过光伏电板产生的电进行平衡（图 5.11）。16 块太阳能光伏电板年发电量 6000～7200 千瓦时，产

生的电并入国家电网，每度电可获得 0.95 元的收益，如此一来，住户不仅解决了冬季供暖问题，还可获得一年 5000 元的收益。

图 5.11　高盖村太阳能光伏电板及碳晶板

（3）炊事能源

根据调研情况可知，与城市压缩天然气（CNG）、液化天然气（LNG）、人工煤气、液化石油气或电力较为单一的炊事能源不同，农村炊事能源具有更多选择。目前农村的主要炊事能源有沼气、秸秆制生物质燃料、秸秆气化或液化、薪柴、CNG、LNG、人工煤气、液化石油气、煤、电等。其中沼气、秸秆制生物质燃料、秸秆气化或液化等方式具有很好的生态性与三生关联性，是农村生产废弃物转化为生活能源再利用的重要方式。基于能源数量的现实情况，农村炊事能源的供应一般是一种或几种能源的组合。如部分利用沼气提供炊事能源的调研项目中，由于山东省冬季气候条件无法保证沼气的正常发酵，冬季无法使用沼气进行炊事，则会选择 CNG、LNG、人工煤气、液化石油气或煤等作为辅助手段。根据调研，大中型沼气站由于有专人负责或专门技术，比户式沼气池更易满足炊事能源需求（表 5.20）。

表 5.20　炊事能源供给统计

炊事能源	数量	能源来源	可持续性	三生关联性
沼气	4	区域内	好	有
沼气、秸秆制生物质燃料	1	区域内	好	有
沼气、煤	2	区域内、外	一般	有
沼气、CNG、LNG、人工煤气、液化石油气	4	区域内、外	较好	有
沼气、CNG、LNG、人工煤气、液化石油气、煤	1	区域内、外	一般	有
沼气、电	1	区域内、外	较好	有
秸秆气化或液化	1	区域内	好	有
秸秆制生物质燃料	1	区域内	好	有

续表 5.20

炊事能源	数量	能源来源	可持续性	三生关联性
煤	1	区域外	差	无
电	5	区域外	较差	无
CNG、LNG、人工煤气、液化石油气	8	区域外	差	无
薪柴	1	区域内	较差	有
煤、CNG、LNG、人工煤气、液化石油气	1	区域外	差	无
电、CNG、LNG、人工煤气、液化石油气	7	区域内、外	较差	无
薪柴、电	1	区域内、外	较差	有
薪柴、CNG、LNG、人工煤气、液化石油气	4	区域内、外	差	有
合计	43	—	—	—

济南市农高区现代都市农业精品园中，设置有 210 立方米的沼气池，利用园区内蔬菜废弃物及厕所粪污进行沼气发酵，同时在厕所顶部安装了 30 平方米的陶瓷太阳能板，为沼气发酵罐增温，可保证沼气池冬季正常运行。所产沼气供园区内工作人员生活炊事所用，剩余量输入大棚，调节棚内二氧化碳含量，沼液通过管道返田。沼气池年可处理各类蔬菜废弃物 300 吨以上，年沼气产量 9000 立方米，生产沼肥 280 吨（图 5.12）。

图 5.12　济南农高区现代都市农业精品园蔬菜废弃物综合利用沼气工程

山东省滨州市无棣县西小王乡内的无棣县绿节生物质能源科技有限公司，通过秸秆压块机利用秸秆制生物质燃料供燃气，有效缓解了乡镇范围内农村环境的"三大堆"问题，秸秆制生物质燃料燃烧产生的废弃污染不到煤的二十分之一，可以很好地改善当地人居环境（图 5.13）。

图5.13　山东省滨州市无棣县西小王乡东黄村

5.3.4　调研案例空间要素分析

大多数调研案例中生产空间与生活空间处于分离状态，发生混合的现象和丰富程度比课题组预期的要少，较好的案例是枣庄洪门村和嘉祥汪楼村，前者基于发达的葡萄种植业，将葡萄种植覆盖至庭院和村庄的每一处空间；后者则有组织地利用村庄空地发展蔬菜种植，作为村庄绿化的替代性措施。

1）尺度分析

根据调研项目统计发现，乡村住区尺度可以归纳为庭院/责任田、村庄/村域、社区、园区、乡镇五种，其中以村庄/村域、园区尺度为主（表5.21）。

表 5.21　尺度分析

尺度	庭院/责任田	村庄/村域	社区	园区	乡镇
数量	2	21	2	17	2

2）空间整合模式

乡村住区空间以生产空间为主的占绝大多数，少数土地流转后的村庄或庭院尺度存在以生活空间为主的现象。如沼气能源服务中心等，因以生态型基础设施为主，存在生态空间占主要地位的现象。生产与生活空间普遍处于分离状态，以生产空间包围生活空间为主要形式（表5.22）。

表 5.22 空间整合模式统计

村庄	模式	村庄	模式
赵官营村		马楼村	
张庄村		洪门村	
枫林木耳种植基地		弘毅	
沂水沼气服务站		郭家沟村	
竹园子村		农高区	
汪楼村		旧城里村	
柿子园村		云溪庄园	
梁锥希森村		西单村	

注：黑色为生产空间，蓝色为生活空间，绿色为生态空间。

3) 空间形态

调研过程中发现，农村现状生产空间、生活空间大多处于分离状态，发生叠合、混合的案例较少。

5.4　类型与综合分析评价

5.4.1　类型总结

农村住区根据社会组织方式不同，可以分为传统农户、农民合作社、企业、企业+农民合作社几种类型；根据一体化基础设施分类，可以分为沼气池、污水生物集成处理设备、化粪池、生态塘、秸秆气化站、生物质发电站、沼气发电、秸秆沼气、人工湿地；根据规模尺度分类，可以分为庭院/责任田、村庄/村域、园区、乡镇四种类型；根据空间形态可以分为聚集形态和点状形态；根据位置关系分可以分为环绕形态、混合形态和一体形态（表5.23）。

另外，不同类型的农村住区要素在同一范围内，还存在杂合并存的形式，形成互补共用的网状模式。在农村住区生活、生产的网络模式下，多种要素形成相互联系、互为支撑的生态互助关系，从而达成生态农村住区的生态平衡。

由于组织模式、基础设施、规模尺度、空间形态的不同，在具体的劳作技术、政策制定和推行过程中，需要根据不同的特点，进行有针对性地细分区别（图5.14）。

表 5.23　农村住区各要素类型

社会组织方式	一体化基础设施	尺度	空间形态	位置关系
传统农户	沼气池	庭院/责任田	聚集	环绕
农民合作社	污水生物集成处理设备	村庄/村域	点状	混合
企业	化粪池	社区	—	一体
企业+农民合作社	生态塘	园区	—	—
—	秸秆气化站	乡镇	—	—
—	生物质发电站	—	—	—
—	沼气发电	—	—	—
—	秸秆沼气	—	—	—
—	人工湿地	—	—	—

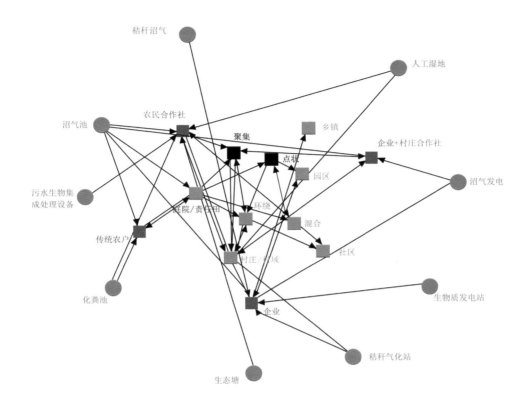

图5.14 山东省乡村住区要素类型

5.4.2 综合分析评价

从社会组织方式、代谢模式、空间模式三方面，对调研案例进行综合评价分析（图5.15）。

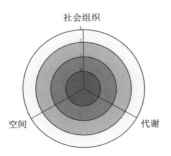

图5.15 案例综合评价分析图

1）社会组织方式

有组织的优于无组织的。例如，农民合作社对于保障生产、生活一体化的发展要优于无组织的独户模式。组织中充分带动村庄，改善村庄人居环境的优于与村庄联系不紧密的。

2）代谢模式

从关键基础设施运行效率、三生关联性、物质循环区域三个分项进行评价。关键基础设施运行效率高、三生关联性强、物质区域内循环的案例优于运行效率低、三生关联性差、物质区域外循环的案例。

3）空间模式

从三生空间的多样性、一体化方面进行评价，兼顾其景观性。空间系统多样，生产、生活空间一体化，生产性景观突出的案例优于空间分离、单一的案例。

各种形式的乡村住区普遍存在代谢不平衡、空间分离、一体化基础设施配套缺乏并在改善人居环境方面作用发挥不充分等问题，如部分园区拥有较好的资源条件及一体化基础设施，但并未发挥其带动并改善周围村庄人居环境的作用。

综上所述，构建"三生一体"的绿色乡村住区，就是要在空间允许的范围内，依托乡村实际现状，植入生产要素，增加一体化基础设施，进行农业生产与农村生活的空间与技术重构，优化代谢平衡，改善人居环境（表5.24）。

表5.24　农村住区案例综合评价

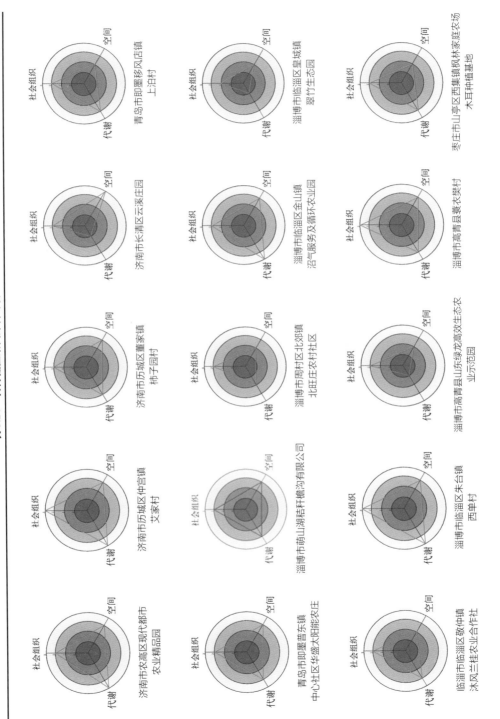

续表 5.24

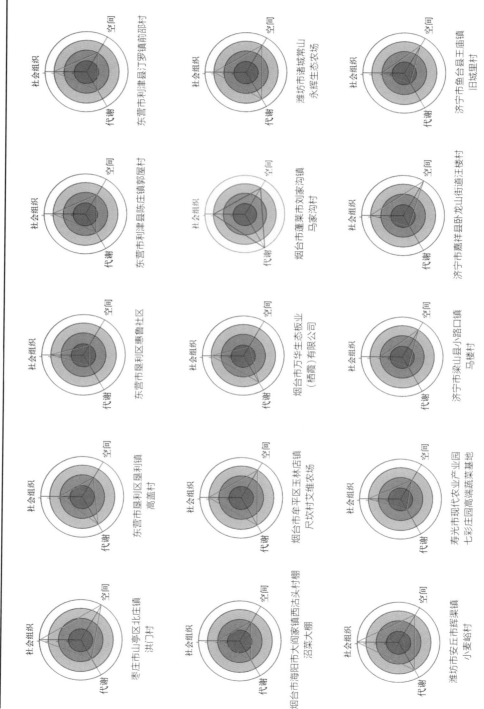

续表 5.24

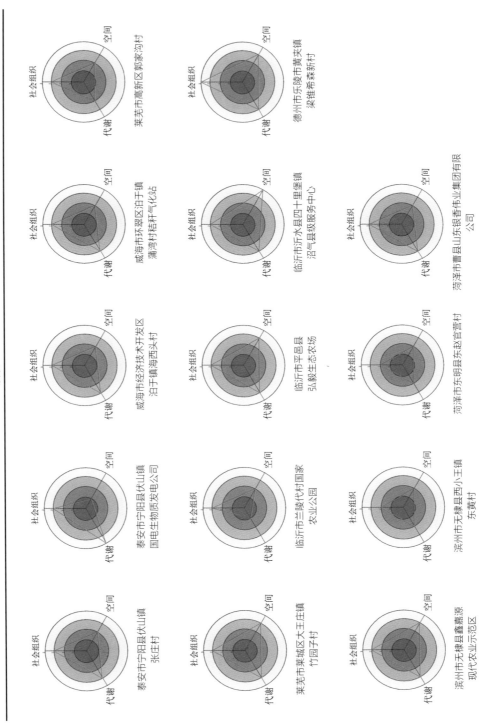

6　农村新型社区和新农村布局模式

为配合《烟台市农村新型社区和新农村发展规划》的编制工作，完成烟台市农村新型社区和新农村建设模式分析的专题，在农村新型社区和新农村发展规划的基础上，本章分析了适合于烟台地区农村进步发展的模式，以带动烟台地区农村村庄面貌改善、村民增收，推进烟台地区特有资源的展示与利用，提升乡村发展的活力。

专题主要内容包括，研究烟台地区乡村现状条件，对烟台地区文化、资源、人口及发展模式进行总结。在《山东省农村新型社区和新农村发展规划（2014—2030）》的基础上进行农村新型社区和新农村建设模式的研究，补充适合其建设的发展模式。

专题研究在深入的踏勘调查基础上，以当地文化与生态环境为依托，总结乡村居住发展模式的整体思路与规划路径，为烟台市乡村可持续发展提供支撑。

6.1　项目背景

6.1.1　项目概况

烟台市地处山东半岛东北部，是环渤海经济圈内重要的节点城市，山东半岛蓝色经济区骨干城市，中国首批 14 个沿海开放城市之一，"一带一路"倡议重点建设港口城市，国家历史文化名城（图 6.1）。

目前烟台市正处在新型城镇化快速发展、社会主义新农村建设的重要时期，为指导烟台市农村新型社区和新农村建设健康有序发展，贯彻落实创新、协调、绿色、开放、共享的发展理念，促进城乡一体化发展新格局，根据市政府统一部署，组织编制《烟台市农村新型社区和新农村发展规划》。

烟台地区是山东省内经济较发达地区，城乡差别较小，自然资源较为丰富，这使得烟台地区农村外观建设优于省内其他地区农村外观建设，但是丰厚的经济基础并未给烟台地区带来较好的农村基础设施建设，基础设施建设仍处于空白期。2015 年 11 月，省委办公厅、省政府办公厅印发了《关于深入推进农村改厕工作的实施意见》。2016 年 5 月 31 日，省质监局向社会发布《一体式三格化粪池》和《一体式双瓮漏斗化粪池》两项地方基础设施标准，进一步推动和确保到 2018 年底完成约 647.3 万农户的无害化卫生厕所改造任务，基本实现全省农村无害化卫生厕所全覆盖。至 2016 年底，烟台大部分地区已经实现无害化卫生厕所，只有约 20% 的地区未实现，完成度在省内处于领先位置（图 6.2）。

图6.1 历史文化名城烟台

图6.2 烟台实现无害化卫生厕所

6.1.2 资源与环境现状分析

1）黄金旅游资源

烟台是我国重要的黄金产地之一，黄金开采史可远溯至春秋时期。

2）葡萄旅游资源

烟台拥有众多葡萄酒庄，每年举办国际葡萄酒节、葡萄采摘节（图6.3）。目前正在建设一条沿206国道烟蓬段葡萄酒产业景观带的葡萄长廊，全长18千米。

3）绿色旅游资源

烟台是中国北方著名的"水果之乡"，烟台苹果、莱阳梨、大樱桃及绿色时鲜蔬菜名冠全国，畅销海外。全市现有7处国家级森林公园，十大旅游景区。

4）文化旅游资源

烟台有红色文化、农耕文化、民居文化、民俗文化等，还有各种神话传说。

5）海洋旅游资源

烟台的海洋旅游资源十分丰富，有被誉为"黄金海岸"的绵长海岸线（图6.4），海洋产品品种繁多，海岛魅力独特，特别是长岛县，是环渤海地区唯一的海岛县，素有海上仙山和天然氧吧之称。

图6.3 葡萄旅游资源

图6.4 海洋旅游资源

6.1.3 文化与习俗

同在以海洋文化为主的胶东半岛之内,但与青岛、威海等周边地区相比,烟台的文化特色更突出,类型更多样。烟台的文化可以归结为 4 个部分:

1)红色文化

烟台是胶东半岛地区重要的红色革命根据地,有众多红色旅游资源,具有文化独特性和典型性(图 6.5)。

2)农耕文化

烟台地区传统农业耕种以小麦种植为主,现在,水果种植逐渐成为烟台农业的主导产业,形成了烟台特色的农耕文化,在全国独树一帜。

3)民居文化

烟台保留的传统建筑较多,并受地域文化、移民文化等的影响较大,使烟台乡村民居独具特色(图 6.6)。

4)民俗文化

烟台民俗文化保留得较为完整,传承有序,形成了完整的节日、饮食、宗教、演艺、婚丧嫁娶等民俗文化。胶东大鼓、烟台剪纸、八仙传说、长岛渔号、渔灯节等传统文化习俗被列入国家级非物质文化遗产。

图6.5　红色文化　　　　　　　　　　图6.6　民居文化

6.1.4 基础设施

烟台市农村基础设施建设扎实推进，取得较大成绩（表 6.1）。硬化道路、新增公交车、供应自来水、开通有线电视、建立现代金融服务体系，基本实现村村通，农村电网改造全面覆盖，生活垃圾及无害化处理比例极大提高。2014 年，村庄硬化道路长度为 10077.73 千米，集中供水比例达到 99.17%，燃气普及率为 66.68%，集中供热面积 25.21 万平方米，生活污水处理比例达到 37.25%，生活垃圾处理比例达到 100%，无害化处理比例为 100%。

表 6.1　2014 年烟台市村镇基础设施建设情况

地区	集中供水比例 /%	燃气普及率 /%	集中供热面积 / 万平方米	硬化道路长度 / 千米	生活污水处理比例 /%	生活垃圾处理比例 /%	无害化处理比例 /%
全市	99.17	66.68	25.21	10077.73	37.25	100.00	100.00
福山区	100.00	90.70	0.20	417.80	42.86	100.00	100.00
牟平区	98.88	53.27	0.00	1156.92	13.03	100.00	100.00
长岛县	100.00	92.86	0.00	29.00	0.00	100.00	100.00
龙口市	97.24	38.52	13.40	431.20	46.65	100.00	100.00
莱阳市	98.37	74.29	0.00	1878.87	95.93	100.00	100.00
莱州市	95.49	57.17	4.20	353.56	30.16	100.00	100.00
蓬莱市	98.65	60.36	0.00	882.30	0.96	100.00	100.00
招远市	98.36	55.63	5.41	439.63	26.97	100.00	100.00
栖霞市	90.33	51.53	2.00	1741.50	41.80	100.00	100.00
海阳市	100.00	55.56	0.00	2746.95	35.75	100.00	100.00

注：集中供热面积为 2013 年数据，数据来源《烟台市村镇建设统计报表》。

6.2　村庄发展模式分析（新农村和农村新型社区）

6.2.1　设施配套标准

根据《山东省新型农村社区建设技术导则（试行）》《山东省农村新型社区和新农村发展规划（2014—2030 年）》，制定公共服务设施配套标准（表 6.2~ 表 6.4）。

表6.2 农村新型社区公共服务设施配置标准

类别	序号	项目名称	千人指标/(平方米/千人)		一般规模/平方米		配置规定
			建筑面积	用地面积	建筑面积	用地面积	
社区管理设施	1	公共服务中心	—	200	—	≥500	包括行政审批、社区警务、人口管理、计划生育、人民调解、劳动就业、社会保险、社会救助、农村信息技术服务、劳务招收机构等
	2	物业管理	15	—	50～100	—	包括房管、维修、绿化、环卫、保安、家政等
教育设施	3	幼儿园	100～150	100～150	600～800（6个班）	≥1500（6个班）	详细配置内容参照《山东省幼儿园基本办园条件标准（试行）》执行
					1200～1500（9个班）	≥2000（9个班）	
					2000～2500（12个班）	≥3000（12个班）	
	4	小学	400～600	600～800	≥1500（教学点）	≥3000（教学点）	详细配置内容参照《山东省普通中小学基本办学条件标准（试行）》执行
					≥3000（12个班）	≥6000（12个班）	
文体设施	5	文化活动站	100	—	300～1000	—	可与公共服务中心结合设置
	6	文体活动场地	—	200	—	500～2000	包括青少年活动、老人活动、体育康乐等设施，与公共绿地结合建设
卫生养老设施	7	卫生室	20	—	80～200	—	宜结合公共服务中心建设一体设置
	8	幸福院	≥150	≥400	≥400	≥1400	应满足日照要求，并配置独立活动场地
商业设施	9	农贸市场	50	—	—	200～500	批发销售粮油、副食、蔬菜、干鲜果品、小商品
	10	其他商业设施	350	—	—	1000～3500	可包括农资站、品牌连锁超市、邮政所、银行储蓄所、理发店、饭店等，规模与内容以市场调节为主
其他公用设施	11	农机大院	—	200	—	600～2000	农机大院也可作为粮食晾晒场地使用
	12	礼事堂	—	—	100	300	用于农村居民集中举办红白喜事的公共场所

表 6.3　农村新型社区市政设施配置标准

类别	序号	项目名称	用地面积 / 平方米	配置规定
交通设施	1	道路	—	社区级道路红线 8～15 米，组团级道路红线 6～10 米，宅前道路红线 4～6 米，社区与外部道路连接公路等级不低于四级公路标准
	2	停车场库	—	设置标准为 1.0 车位 / 户
	3	公交站点	10～30	—
环卫设施	4	垃圾收集点	≥4	设置标准为 1 个 /100 户
	5	垃圾转运站	30～100	设置在与住宅有一定防护距离的独立场地中
	6	公厕	≥25	与文体活动场地结合设置
给排水设施	7	供水站	≥100	水质符合《城市供水水质标准（CJ/T 206-2005）》要求
	8	污水处理设施	≥500	按规划设置，因地制宜，可集中、可分散
燃气设施	9	CNG 或 LNG 供气站	2000	符合《城镇燃气设计规范》，按照社区的不同类型和实际情况进行配置
	10	液化石油气储配站	6000	
	11	沼气池	—	
供热设施	12	锅炉房	≥1800	根据社区的不同类型和实际情况，确定热源形式和规模，可采用集中供热的社区应合理布局热力站和供热管网，新建采暖建筑应符合节能建筑设计标准
	13	热力站	≥150	
其他基础设施	14	路灯	—	沿主要道路和室外活动空间设置
	15	公共消防器材箱	—	服务半径不应大于 500 米，配备灭火器、消防水带、消防水枪、消防沙、消防斧、消火栓扳手等消防器材
	16	消火栓	—	沿主要道路设置
	17	园林绿化	—	应建设一个中心绿地和 2 个以上小型公共绿地，中心绿地面积不小于 500 平方米，社区绿地率不低于 30%
	18	视频监控	—	在主要公共场所、主要道路两侧设置

表 6.4　新农村设施配置标准

类别	项目	中心村	基层村	备注
农村社会管理	社会事务受理中心	●	○	在公共服务中心集中设置
	社会	●	○	
	管理	●	—	
	劳动保障服务站	●	—	
公共福利	幸福院	●	○	—
	福利	●	○	—
公共活动	公园绿地	●	○	—
	活动	○	○	可与户外体育运动场地结合
公共卫生	卫生室	●	○	可进入公共服务中心
文化体育	文化活动室	●	●	可进入公共服务中心，兼具留守儿童之家、会议室等功能
	体育	●	○	
	图书阅览室	●	○	
	户外体育运动场	●	●	兼对外停车、集会、文化活动等
教育设施	小学	○	○	—
	幼儿园	○	○	—
商业设施	农贸市场	○	○	—
	餐饮店	●	○	—
	便民超市	●	●	可结合公共服务中心设置
	邮政所	○	—	
环卫设施	公厕	●	●	—
	垃圾收集站	●	●	—
交通设施	社会停车场	○	○	—
	公交站点	○	○	—
给水排水设施	供水站	●	○	—
	污水处理设施	●	○	—
热力燃气设施	太阳能、环保锅炉或热泵	●	○	—
	沼气发生池	●	○	—

注："●"表示必须配置，"○"表示可选择配置，"—"表示无须配置。

6.2.2　主要基础设施建设

1）农村社区道路交通规划

①新型农村社区与外部道路连接公路等级不低于四级公路标准，车行道宽度 6 米以上，两侧布置防护绿地为未来发展预留宽度。

②新型农村社区路面宽度 8~15 米，组团路面宽度 6~10 米，均按规划预留拓宽空间。道路两侧必须设置排水管线或沟渠。宅间路宽 4~6 米。

③停车场按每户 1.0 个停车位的标准配置。其中私家农用车停车场地、多层公寓住宅的停车场地宜集中布置，低层住宅停车可结合宅、院设置。公共停车场地应结合车流集中的场所统一安排。

④位于文化娱乐、商业服务等大型公共建筑前的路段，应设置必要的人流集散场地、绿地和停车场地。

2）环卫设施规划

厕所：严格按照标准建设家庭无害化卫生厕所，普及农村公共卫生厕所；结合公共服务中心设置无害化卫生厕所，按 25 ~ 50 平方米 / 千人的标准配建，每厕建筑面积不低于 25 平方米。2018 年底实现农村改厕全覆盖。

垃圾收集：合理设置生活垃圾收集站（点），服务半径不超过 70 米，每 100 户设置 1 个垃圾收集点，生活垃圾及时运至转运站，做到日产日清，实现垃圾收集处理的城乡全覆盖，条件成熟的可考虑垃圾分类收集处理。

3）给水工程

因地制宜选择供水模式。离城区较近或地势较为平坦的农村新型社区和新农村，可采用延伸城区供水管网的集中供水模式；人口相对集中、经济条件较好的平原、丘陵农村新型社区和新农村，可采用村镇连片供水模式；人口规模较小的，或受地理条件限制的村庄，可采取单村供水模式。

4）排水工程规划

科学确定排水体系。新建或经济条件较好的农村新型社区宜选择雨污分流排水体制；经济条件一般且已经采用合流制的农村新型社区和新农村，在建设污水处理设施前应将排水系统改造成截流式合流制，远期应改造为分流制。

鼓励运用人工湿地处理系统、曝气生物滤池、淹没式生物膜等污水处理技术进行污水集中处理。人口规模较小、居住较为分散、地形地貌复杂的农村新型社区和村庄，鼓励采用化粪池、生态氧化塘、净化槽等小型无动力或微动力污水处理技术，进行污水分散处理。

5）供热设施

农村新型社区和新农村供热设施发展应尽量减少煤炭使用量，探索采用环保锅炉、天然气、生物质、地源热泵、太阳能等多种新能源或方式解决农村供热问题。

在城镇供热服务半径内的农村新型社区，可被纳入城镇集中供热系统。周边区域有可利用工业余热或企业热源的农村新型社区和新农村，可利用工业余热或企业热源实现集中供热。规模较大、无可利用集中供热设施的农村新型社区和新农村，可新建集中供热设施。

6）燃气设施

城镇管网集中供气模式：距城镇较近、具备条件的农村新型社区和新农村，可逐步纳入城镇集中供气（天然气管网）系统。非城镇管网集中供气模式：采用 CNG 和 LNG 供气站、秸秆气化气、人工煤气、液化石油气等方式供气。

6.2.3 社区生产设施

1）农业生产设施

①农机站（场）、打谷场等场地的选址，应方便田间运输和管理。

②家禽、家畜的集中饲养，做到人畜分离；大中型饲养场地的选址，应满足卫生和防疫要求，宜布置在社区常年盛行风向的侧风位，以及通风、排水条件良好的地段，并应与社区保持防护距离。

③兽医站宜布置在社区边缘。

④农具统一存放站，结合停车场设置，每千人 1 座，建筑面积 500 平方米以上。

2）工业、仓储及堆场布局

①工业生产用地应选择靠近基础设施条件较好、对外交通方便的地段。协作密切的生产项目应邻近布置，相互干扰的生产项目应予以分隔。

②仓储应按存储物品的性质确定，并应设在村庄边缘、交通运输方便的地段。粮、棉、木材、油类、农药等易燃易爆和危险品仓库与厂房、打谷场、居住建筑的距离应符合防火和安全的有关规定。

6.2.4 可再生能源与信息化建设

可再生能源，是指原材料可以再生的能源，如水力发电、风力发电、太阳能、生物能（沼气）、海潮能这些能源。

1）沼气的利用

优化农业结构，通过新增农村沼气项目，以沼气为纽带拉动养殖业、种植业和其他各产业的发展，带动当地农业循环经济发展，加快农业结构调整的步伐。

2）秸秆利用

沼气项目建设可以让农村地区另一种可再生能源——秸秆得到综合利用，避免其被焚烧或作肥料下田、作炉灶燃料等低效率利用。秸秆完全可以在沼气生成和喂养牲畜方面得到综合利用，产生规模效益。

6.3　发展定位

6.3.1　宏观发展态势

2016年，中央一号文件《中共中央国务院关于落实发展新理念加快农业现代化实现全面小康目标的若干意见》中提出持续夯实现代农业基础，提高农业质量效益和竞争力。大力推进农业现代化，必须着力强化物质装备和技术支撑，着力构建现代农业产业体系、生产体系、经营体系，实施藏粮于地、藏粮于技战略，推动粮经饲统筹，农、林、牧、渔结合，种养加一体，一、二、三产业融合发展，让农业成为充满希望的朝阳产业。加强资源保护和生态修复，推动农业绿色发展 。推动农业可持续发展，必须确立发展绿色农业就是保护生态的观念，加快形成资源利用高效、生态系统稳定、产地环境良好、产品质量安全的农业发展新格局。

推进农村产业融合，促进农民收入持续较快增长。大力推进农民奔小康，必须充分发挥农村的独特优势，深度挖掘农业的多种功能，培育壮大农村新产业新业态，推动产业融合发展成为农民增收的重要支撑，让农村成为可以大有作为的广阔天地。推动城乡协调发展，提高新农村建设水平。加快补齐农业农村短板，必须坚持工业反哺农业、城市支持农村，促进城乡公共资源均衡配置、城乡要素平等交换，稳步提高城乡基本公共服务均等化水平。深入推进农村改革，增强农村发展内生动力 。破解"三农"难题，必须坚持不懈推进体制机制创新，着力破除城乡二元结构的体制障碍，激发亿万农民创新创业活力，释放农业农村发展新动能。

《山东省农村新型社区和新农村发展规划（2014—2030年）》，是贯彻党的十八届三中全会、中央城镇化工作会议和中央农村工作会议精神，按照山东省第十次党代会、山东省城镇化工作会议、山东省农村新型社区建设工作会议的要求，与《山东省城镇体系规划（2011—2030年）》、《山东省建设社会主义新农村总体规划（2006—2020年）》和《山东省土地利用总体规划（2006—2020年）》相衔接而编制的文件，明确未来农村新型社区和新农村建设的指导思想、主要目标、规模布局和发展路径，是指导全省农村新型社区和新农村健康发展、优化农村居民点布局的全覆盖、综合性、纲领性规划。

2009年以来，山东省先后出台了《关于推进农村社区建设的意见》《关于加强农村新型社区建设，推进城镇化进程的意见》《关于将农村新型社区纳入城镇化管理标准的通知》《山东省农村新型社区和新农村发展规划（2014—2030 年）》等一系列政策文件，大力推进农村社区建设，取得了显著成效，走在了全国前列。2015 年 6 月，在安徽淮北召开的全国农村社区建设现场会上，山东省介绍了自己的经验。2015 年 10 月，省委办公厅、省政府办公厅印发《关于深入推进农村社区建设的实施意见》，2016 年 2 月，省住建厅印发《山东省 2016—2020 年乡村规划工作方案》，部署农村人居环境改善，美丽乡村建设，加快全面建设小康社会的进程。

《山东省农村新型社区和新农村发展规划（2014—2030 年）》中指出，乡村是乡愁的载体、精神的归属，城镇化不是消灭农村。依据规划，山东省将建设 7000 个农村新型社区，包括城镇聚合型社区 3000 个、村庄聚集型社区 4000 个。未来山东城镇化改革将保留 3 万个村庄，其中含 5000 个中心村和 2.5 万个基层村。

《山东半岛蓝色经济区发展规划》正式获得国务院批复，标志着山东半岛蓝色经济区建设上升为国家战略。烟台在这一重大战略中处在核心位置，被赋予骨干城市地位。

《山东省新型城镇化规划（2014—2020 年）》以烟台、威海中心城为核心，协同其他县市，构建烟威城镇密集区，建设沿海城镇密集带、海洋产业基地、滨海休闲度假区、新型城镇化示范区。

《烟台市城市总体规划（2011—2020 年）》指出，烟台市是山东半岛的中心城市之一，是环渤海地区重要的港口城市，国家历史文化名城。城镇化率：规划 2020 年市域总人口为 790 万人，城镇人口为 553 万人（中心城区人口为 230 万人），城镇化水平 70%。规划空间结构："一带一轴"，一带为"北部滨海城市带"，一轴为"烟—青"发展轴。市域规划为 1 个主中心城市、2 个副中心城市、6 个县市域中心城市、8 个重点镇、62 个一般镇。

《中共中央国务院关于加快推进生态文明建设的意见》指出，根据资源环境承载能力，构建科学合理的城镇化宏观布局，严格控制特大城市规模，增强中小城市承载能力，促进大、中、小城市和小城镇协调发展。尊重自然格局，依托现有山水脉络、气象条件等，合理布局城镇各类空间，尽量减少对自然的干扰和损害。保护自然景观，传承历史文化，提倡城镇形态多样性，保持特色风貌，防止"千城一面"。科学确定城镇开发强度，提高城镇土地利用效率和建成区人口密度，划定城镇开发边界，从严供给城市建设用地，推动城镇化发展由外延扩张式向内涵提升式转变。严格新城、新区设立条件和程序。强化城镇化过程中的节能理念，大力发展绿色建筑和低碳、便捷的交通体系，推进绿色生态城区建设，提高城镇供排水、防涝、雨水收集利用、供热、供气、环境等基础设施建设水平。所有县城和重点镇都要具备污水、垃圾处理能力，提高建设、运行、管理水平。

加强海洋资源科学开发和生态环境保护。根据海洋资源环境承载力，科学编制海洋功能区划，确定不同海域主体功能。坚持"点上开发、面上保护"，控制海洋开发强度，在适宜开发的海洋区域，加快调整经济结构和产业布局，积极发展海洋战略性新兴产业，严格生态环境评价，提高资源集约节约利用和综合开发水平，最大程度减少对海域生态环境的影响。

6.3.2　与上位规划的对接及判断

烟台市层面：功能区带动型城乡一体化发展道路，推进农业示范点、特色文化村镇、休闲农业和乡村旅游示范点、特色农业产业的发展。2016 年 4 月，市委、市政府同意印发《关于深入推进农村社区建设的实施意见》，提出把烟台市农村社区建设成为管理有序、服务完善、文明祥和的社会生活共同体。烟台市提出以"提质加速、城乡一体"为目标，以"人的城镇化"为核心，以提升产业支撑力和城镇承载力为重点，以体制和机制创新为动力的城镇化发展方向，走一条功能区带动型的城乡一体化发展道路。

山东省 2020 年的城镇化率达到 64% 左右，为突出本地城镇化特色，以"人的城镇化"为核心，以提高城镇化质量为目标，构建了"一群（山东半岛城市群）、一带（鲁南城镇发展带）、双核（济南、青岛）、六区（六个城镇密集区）"的省域新型城镇化总体格局。以烟台、威海中心城为核心，协同其他县市，构建烟威城镇密集区，建设沿海城镇密集带、海洋产业基地、滨海休闲度假区、新型城镇化示范区。

土地整治重点项目进展顺利，高标准基本农田建设任务重，城乡建设用地增减挂钩试点推进缓慢。到 2020 年全市城乡建设用地规模要控制在 1466.82 平方千米内，耕地保有量不低于 4392.62 平方千米，划定基本农田保护面积 4075.51 公顷。

6.3.3　总体规划与功能定位

在"分区、分类"规划的基础上，通过划分不同类型的地域空间，提出不同类型的建设和保护要求，实现优化空间资源配置、加强自然生态环境和不可再生资源的保护、引导农村地区建设活动的目标。

1）城镇化地区

包括中心城区，各市、县重点开发的区域及纳入城镇化管理的区域，这类村庄应该配合城镇化进程，以建设新型农村社区为主导，按照城市标准配套各项设施，共享共建城镇的各类设施。小城镇驻地建设城镇型社区。撤村建居，根据城区规划、政府引导、市场运作、整体拆迁、整合改造，变村民为市民，变村庄为城镇社区。依据《烟台市城市总体规划（2011—2020 年）》、各市、县总体规划、各镇总体规划以及其他经法定程序批准的城乡规划，现状及规划期未纳入城镇建设的村庄，社区建设和选址要服从城乡规划，统筹设施配套建设。对具有特定意义的村庄，如历史文化名村，制定保护与发展措施。

市域中心城市：现状及规划 237 个村庄纳入城区，组建 39 个社区；县域中心城市：现状及规划 860 个村庄纳入城区，组建 161 个社区；市域各镇：现状及规划 1120 个村庄纳入城镇范围，组建 203 个社区；还有 902 个村庄位于城镇近郊区。

2）生态敏感区

自然保护区、森林公园、水源涵养区、历史文物古迹保护区、生态湿地等属于生态敏感区。根据全域生态资源状况和发展基础，统筹考虑村庄的发展，逐步搬迁禁建区村庄，限建区村庄发展注重特色风貌的保护，保留山清水秀的农村自然环境，挖掘特色村庄，发展全域旅游，建设美丽乡村。

禁止建设区包括基本农田保护区、水源地一级保护区、自然保护区、森林公园、湿地公园以及山林保护区、矿产资源保护区、基础设施走廊保护区、海岸生态防护带等。水源地一级保护区共 35 处，自然保护区和森林公园主要分布在中部丘陵地区，自然保护区共 19 处，森林公园（国家、省、市）18 处，湿地公园共 7 处。

限制建设区包括一般农田、滨水保护地带、自然保护区和森林公园除核心区以外的其他地区、风景名胜区的二级和三级保护区、城镇绿化隔离地区、矿产资源密集地区、文保单位控制地带、水源二级保护区和准保护区、环境卫生工程设施防护区、噪声污染防护区等。严格控制建设项目，确有建设必要时，需进行可行性研究，必要的建设项目需采取一定的工程防护和生物保护措施。

市域共 793 个村庄位于生态敏感区，区内村庄应严格控制规模，严禁进行破坏景区的建设行为，保持村庄原有风貌，引导有序建设，结合景区规划，达到景观协调一致，建设有特色的景区村。

3）矿产资源压覆区

龙口煤炭油页岩、焦家金矿田、玲珑金矿、招南金矿、王家庄铜矿 5 个省级重点开采区与 7 个市级重点开采区等矿产资源压覆区，应重点考虑村庄的安全问题，将位于矿产资源压覆区的村庄搬迁至安全地带，并组建农村新型社区，配套各类设施，合理解决矿区乡村发展与资源开发的矛盾。

6.4 农村社区建设模式引导

本节依据《山东省农村新型社区和新农村发展规划（2014—2030年）》中农村新型社区建设模式分类引导，针对烟台地区农村发展进行了发展模式及基础设施建设模式引导。

6.4.1 分类建设模式引导

1）城镇聚合型社区

（1）城市聚合型

① 城市聚合型社区是指现状位于城市建成区周边，未来随着城市建设用地范围的扩大被动纳入城市或主动进入城市改造的村庄合并建设的新型社区。处于城市的边缘地带，社区建设选址服从城市总体规划，在城市居住组团范围内选址。近期建设农村新型社区，远期城市扩张后将会直接成为城市社区的一部分。其建设布局引导图见图6.7。

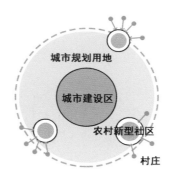

图6.7 城市聚合型建设布局引导图

② 适合发展模式：社区主导产业方面以第二产业及与城市相关的服务业为主，从事农业生产的居民逐渐减少，并从农村居民逐渐过渡为城市居民。

③ 基础设施模式：基础设施和公共服务设施应按照城市居住区标准进行配套建设，充分利用位置优势结合城市现有资源和城市相关规划进行配套建设。

供水与排水：城市聚合型社区距离城市较近，城市管道延伸较为方便，宜使用城市延伸管网供水与排水，如图6.8所示。

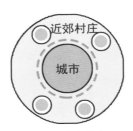

图6.8　供水模式一

经济条件较好的新型农村社区和新农村社区,可采用雨、污分流排水体制,如图6.9所示。

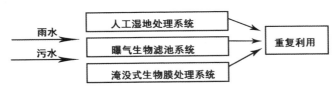

图6.9　污水处理模式一

供电模式一:当地全部以国家传统形式供电,实现国家电网全覆盖,保证基本用电,如图6.10所示。

图6.10　供电模式一

供电模式二:当地发展新能源发电,例如,太阳能、风能,或利用垃圾燃烧方式发电,补充国家电网,两者共同支撑当地使用,如图6.11所示。

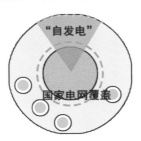

图6.11　供电模式二

供暖：如图6.12所示，适用于城市近郊村庄，将城市管网辐射其中，解决乡村供暖问题。

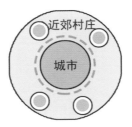

图6.12　供暖模式一

垃圾处理：城市聚合型社区，设计分类收集垃圾服务站，将垃圾转运至县市垃圾处理中心，如图6.13所示。

图6.13　垃圾处理模式一

④ 案例：云峰丽景社区。

云峰丽景社区位于莱州市南阳河与云峰南路交会处南100米处。南靠中华月季园，北邻护城河——南阳河，总占地面积20.34公顷，建筑面积约58万平方米。社区选址于城市总体规划确定的居住用地范围内，规划参照城市居住区标准建设了完善的公共服务设施和基础设施（图6.14）。

图6.14　莱州云峰丽景社区

（2）小城镇聚合型

① 小城镇聚合型指现状镇驻地及周边 2 千米范围内进入城镇改造的村庄合并集中建设的新型社区。社区选址和建设应服从城镇总体规划在镇驻地规划的居住组团范围内，其建设布局引导图见图 6.15。

图 6.15　小城镇聚合型建设布局引导图

② 适合发展模式：居民以从事非农产业者为主，实现就地城镇化。

③ 基础设施模式：提升镇级中心的服务功能，完善镇驻地基础设施及公共服务设施，社区服务中心建设标准应高于镇域其他农村社区。

供水及排水：小城镇聚合型社区距离城市较远，附近有大型企业者可沿用企业供水管网，如图 6.16 所示。也可以自建井，自己铺设管道，如图 6.17 所示。

图 6.16　供水模式二

图 6.17　供水模式三

经济条件较差的新型农村社区采用合流排水体制，如图 6.18 所示。

图6.18 污水处理模式二

供电：采用图 6.10、图 6.11 的供电模式。

供暖：当地企业存在大量余热，有企业向外辐射管网，既能解决乡村供暖的问题，同时也杜绝了工业余热浪费现象，如图 6.19 所示。

图6.19 供暖模式二

垃圾处理：村镇分类收集、集中压缩转运，县、市分类处理，如图 6.20 所示。

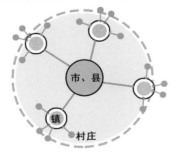

图6.20 垃圾处理模式二

④ 案例：福山区门楼镇陌堂社区。

门楼镇位于福山区中南部，镇机关设在门楼村东，距区委、区政府 9 千米。东以大沽夹河为界与芝罘区、莱山区相望，西以围子山、门楼水库、黑山岭为界与张格庄镇、高瞳镇相连，南以狮子山、后庵、龙王山为界与回里镇相接，北以绕城高速公路为界与清洋街道相邻。

2）村庄聚合型社区

（1）村企联建型

村企联建型社区指现状经济基础较好，村庄周边有能够带动社区建设的工业园区、农业龙头企业、经济合作组织或者旅游开发企业，村庄与企业联合建成人口3000人以上，非农就业达到70%的新型社区。

① 村企联建型社区模型有两种：一种是外来企业驻村，建设新型农村社区，多为多村合并共建模式；另一种方式是村自建企业，发展经济，改善居民生活、生产条件。村企联建型社区选址应注意与产业园区相结合，根据产业园区需要结合交通条件与现有公共服务和基础设施选址。建设布局引导图见图6.21。

图6.21 村企联建型建设布局引导图

② 适合发展模式：在产业发展方面提倡农村社区和产业园区两区同建，社区居民在园区就业实现就地城镇化，如图6.22所示。

图6.22 村企联建型社区发展模式

③ 基础设施模式：基础设施和公共服务设施要求能够同时满足农村社区和产业园区的要求。

供水：如图6.23所示。

图6.23　供水模式三

　　小城镇聚合型社区距离城市较远，附近有大型企业者可沿用企业供水管网，详见图6.16供水模式二。

　　排水详见图6.18污水处理模式二。

　　供电：参考图6.10及图6.11的供电模式一及供电模式二。

　　供暖：详见图6.19供暖模式二。

　　垃圾处理：详见图6.20垃圾处理模式二。

　　④ 案例：莱州市马家庄村。

　　莱州市程郭镇马家庄村在文昌路街道蒲家洼旧村改造中为其88名村民无偿提供每人30平方米的大产权安置房和3平方米地下室，并对放弃上述安置房的19名村民每人补偿10.5万元。行政隶属仍在程郭镇，村民却即将住上楼房，统一享受城镇居民"退休"待遇，每人每年还能领取3000元补助。马家庄村原址则改建为生态庄园，循环农业，打造天然有机生物链，同时成为市民度假游乐园（图6.24）。

图6.24　莱州市马家庄村

　　⑤ 案例：莱阳市濯村。

　　濯村位于莱阳市区南20千米的五龙河畔，面积6.72平方千米，全村1636户，5000人口。十几年来，濯村发展现代高效农业，开创了与外商合作开发经营土地的先例，先后引进用于农业开发的外资1.3亿元，全村现有约533.3公顷土地租赁给新加坡等外商经营管理，建立了葡萄、梨、花卉、生态园等六大果品花卉基地，建立了约66.7公顷的工业园区，16个项目进入园区，农民变成了现代化农业工人。濯村对农业原生态十分重视和保护，濯村的河岸、沟渠沿线没有经过人工的砌筑和修整，完全保持了自然原生状态的植物群落。村庄建设了300多幢公寓式住宅楼和3个住宅小区，构筑了基础完善、档次较高的村庄整体设施（图6.25）。

图6.25　莱阳市濯村

（2）强村带动型

① 强村带动型社区是指多个村庄向地理位置较为优越、规模较大、经济实力较强的中心村合并，以强村带动周边村建设新型社区。应结合交通条件与现有公共服务、基础设施选址，以原有强村为中心进行布局规划。建设布局引导图见图6.26。

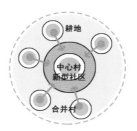

图6.26　强村带动型建设布局引导图

② 适合发展模式：社区居民就业依托强村产业发展和服务扩大就业范围，如图6.27所示。

图6.27　强村带动型发展模式

③ 基础设施模式：设施配套方面应按照相应标准，配套建设基础设施和公共服务设施，结

合强村特色产业配套生产相应服务设施。

供水及排水：供水详见图6.16及图6.17的供水模式二及供水模式三，排水详见图6.18污水处理模式二。

供电：详见图6.10及图6.11的供电模式一及供电模式二。

供暖：详见图6.19供暖模式二。

垃圾处理：详见图6.20垃圾处理模式二。

④案例：龙口市南山新和社区。

龙口市东江街道南山村实现了由农村到新城镇的跨越，走出了一条"以企带村""村企合一"的集团制发展之路。新和社区可容纳2万人，其中70%用于安置迁并村庄村民，30%用于安置外来务工人员（图6.28）。

社区配套设施标准较高，建设了超市、幼儿园、中小学、卫生服务站、党务政务群团活动场所、健身俱乐部等服务设施。迁并村村民全部安置在南山集团就业，实现了村民向市民的转化，使群众享受到经济发展的成果。

图6.28   龙口市南山新和社区

（3）多村合并型

① 多村合并型社区是指村庄规模相似的多个村庄，选择交通方便，用地充足，向多村中心聚集的地方新建社区，其建设布局引导图见图6.29。

图6.29   多村合并型建设布局引导图

② 适合发展模式：生产多以现代农业为主，提高农业生产规模、效率和附加值。主要原因有二：一是村居规模较小，但农耕各具特色，合并居住点旨在方便建设基础设施，改善其居住环境，同时保留种植特色；二是村庄合并新型社区，耕地统一发展现代农业，提高农业生产规模、效率和附加值。适合发展模式如图 6.30 所示。

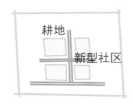

图 6.30　多村合并型社区发展模式

③ 基础设施模式：设施配套方面应按照相应标准，配套建设基础设施和公共服务设施，结合农业生产特色配套相应生产服务设施。

供水及排水：供水详见图 6.16 及图 6.17 的供水模式二及供水模式三，排水详见图 6.18 污水处理模式二。

供电：详见图 6.10 及图 6.11 的供电模式一及供电模式二。

供暖：详见图 6.19 供暖模式二。

垃圾处理：详见图 6.20 垃圾处理模式二。

④ 案例：蓬莱市和谐家园社区。

蓬莱市潮水镇和谐家园社区位于潮水镇驻地以东，毗邻烟台潮水国际机场。社区建设项目依托烟台潮水国际机场，是为满足项目搬迁安置而建设的一个设施齐全、功能完善、绿色环保、特色鲜明的生态示范社区（图 6.31）。

图 6.31　蓬莱市和谐家园社区

5个因潮水国际机场建设而搬迁的村庄组成了一个新型农村社区，建立了社区服务中心，提供社会保障、劳动就业、新农合等"一站式"服务，配套建设了卫生室、老年人活动中心、农机具大院等公共服务设施，群众不出社区就可以享受到就业、医疗、文化等公共服务。

（4）拆迁安置型

①拆迁安置型社区是指村庄处于矿产资源压覆区、风景区、水资源保护区、河滩区、偏僻山区、地质灾害区，通过规划迁至安全地域建立新型农村社区。社区选址应本着就近安置的原则，结合交通条件、现有公共服务体系和基础设施条件选择适宜建设的区域。建设布局引导图见图6.32。

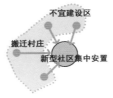

图6.32 拆迁安置型建设布局引导图

②适合发展模式：耕种原有土地，或继续原有产业模式。拆迁安置型社区一般距离原有村庄较近，宜保留原有发展模式，结合当地产业特色进行发展引导，如图6.33所示。

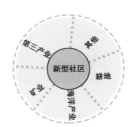

图6.33 拆迁安置型发展模式

③基础设施模式：设施配套方面应按照相应标准，配套建设基础设施和公共服务设施，结合农业生产特色提供相应服务设施。

供水及排水：供水详见图6.16及图6.17的供水模式二及供水模式三，排水详见图6.18污水处理模式二。

供电：详见图6.10及图6.11的供电模式一及供电模式二。

供暖：详见图6.19供暖模式二。

垃圾处理：详见图6.20垃圾处理模式二。

④ 案例：招远市北戴社区。

招远市莘庄镇的北戴社区共有 500 户居民，因金矿开采需要整个村落迁移至一个社区，有幸福院、礼堂等配套建筑。配套设施较齐全，免费为村民提供楼房（紧邻原有村庄居住），且楼层高度仅为四层，方便老年人上下楼，供暖、物业也免费，根据原有宅院的不同面积，分配 80～100 平方米不等的户型给居民（图 6.34）。

图 6.34　招远市北戴社区

（5）村庄直改型

① 村庄直改型社区指村庄规模较大且周边无可以合并的小村庄或只有不宜合并的村庄，将自身改造建设农村新型社区，一般位于山区、平原的边远地区。社区选址应结合交通，现有公共服务和基础设施等条件，一般采用新建和原址改造两种方式，应优先选择原址改造。建设布局引导图见图 6.35。

图 6.35　村庄直改型建设布局引导图

② 适合发展模式：村庄直改型的社区居民就业多以农业为主，有条件的可发展特色产业或多业并举，如图 6.36 所示。

图 6.36　村庄直改型发展模式

③ 基础设施模式：基础设施和公共服务设施按照相应标准进行改造或配套建设，并结合农

业生产或特色产业需求配套相应生产服务设施。

供水及排水：供水详见图 6.16 及图 6.17 的供水模式二及供水模式三，排水详见图 6.18 污水处理模式二。

供电：详见图 6.10 及图 6.11 的供电模式一及供电模式二。

供暖：详见图 6.19 供暖模式二。

垃圾处理：详见图 6.20 垃圾处理模式二。

④ 案例：莱州市五里候旨村。

五里候旨村位于莱州市城区西南部，阳关村西侧，属永婴路街道办事处管辖。北靠福禄山，东临南阳河支流，景色优美，居民安居乐业（图 6.38）。

五里候旨村共有 130 户，居民 425 人。该村旧村改造项目总投资 2 亿元，总建筑面积 13 万平方米。一期工程改造区域占地 12132 平方米，工程投资 4000 万元，规划建筑面积 2 万平方米，计划建成住宅楼 5 栋，170 户。二期工程改造区域占地 25771 平方米，工程投资 7000 万元，规划建筑面积 5 万平方米，计划建成住宅楼 12 栋。三期工程改造区域占地 28286 平方米，将投资 9000 万元，建设居民楼 15 栋，规划建筑面积达 6 万平方米。

图 6.37　莱州市五里候旨村

3）　村庄散居型社区

（1）村庄散居型社区

村庄散居型社区是针对不具备整合条件的村庄，按照地域相近、规模适度、产业关联、有利于整合等原则，共同建设公共服务中心所形成的农村社区。其建设布局引导图见图 6.38。

图 6.38　村庄散居型社区建设布局引导图

（2）适合发展模式

产业发展以村庄现代农业为主，重点围绕主导产业发展的初加工和支农服务业。

① 依托乡村旅游发展模式分为单村发展模式和多村连线发展模式两类。

单村发展模式：适合村中具有特色旅游资源的村庄，利用村中资源发展旅游业独立形成相当规模的旅游景点，给村民提供一定的就业机会，发展当地经济（图6.39）。

图6.39　村庄散居型社区发展模式一

多村连线发展模式：适合旅游资源接近，距离适中的多村协同发展，串点连线。着力打造"一村一品，一村一景"，营造美丽乡村田园风光（图6.40）。

图6.40　村庄散居型社区发展模式二

② 特色乡村旅游——渔家乐：适合地处沿海地区，距离风景区较近的乡村，可提供游客住宿及餐饮。建议单村发展，多村建设管理中心，设立共同管理条例。

图6.41　村庄散居型社区发展模式三

③ 渔业发展：烟台市大力推行海底造礁和立体生态养殖，重点建设"4带20群"人工鱼礁，打造莱州湾、长岛、养马岛、崆峒岛等10处海洋牧场示范区，2015年新增6666.7公顷，总面积

达到 46666.7 公顷，到 2020 年建成百万亩海洋牧场，带动周围村庄发展渔业（图6.42）。

图6.42 村庄散居型社区发展模式四

（3）基础设施模式

在设施配套方面，在中心村建设社区服务中心以辐射整个社区基层村，可选择性配套生产性服务设施，基础设施可选用分散式供给方式供给。

① 供水：详见图 6.17 供水模式三，也可以采用以下两种方式：

供水模式四（图 6.43）：采用镇连片供水模式，偏远乡村则采用村（镇）集中供水，此类村庄远离城镇，可在水源质量较好之地造井，供周围几个村庄使用。

供水模式五（图 6.44）：人口规模较小或受地理条件限制的村庄可采用单村供水模式。

图6.43 供水模式四　　　图6.44 供水模式五

排水详见图 6.9 污水处理模式一。

② 供电：详见图 6.10 及图 6.11 的供电模式一及供电模式二。

③ 供暖：传统村落不宜整体铺设管网，因这些村庄处于城市供暖服务半径之外，提倡利用地热结合主动式设备实现冬季供暖。主动式设备将夏季空调使用时产生的热量储存于地下，冬季循环入室内（图6.45）。

图6.45　村庄散居型社区供暖模式

④垃圾处理：可以采用图6.20垃圾处理模式二进行处理，也可以采用以下两种方式。

村庄设置大型沼气厂或采用单户沼气池，及时处理生活垃圾，变废为宝（图6.46）。

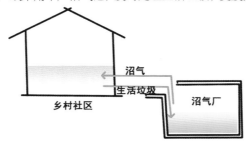

图6.46　垃圾处理模式三

在合适位置建设垃圾发电厂，集中处理生活垃圾，将其转化为电能（图6.47）。

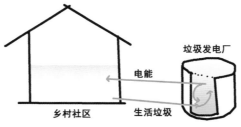

图6.47　垃圾处理模式四

（4）案例：莱州市朱旺社区

莱州市城港路街道朱旺村发展集体经济，促进村民增收。村庄利用区域优势，大力推动沿海养殖业、现代养殖园区建设。建立山东朱旺港务有限公司，增加了集体收入，有效解决了村民就业问题，招商引资建立海参养殖基地。建设标准学校、居民小区、现代化港口，将全体村民纳入社会养老保险和农村合作医疗体系，对内外道路全部进行了硬化、绿化、美化和亮化，对朱旺河进行了疏浚、清淤和景观改造，河景旧貌换新颜，打造了一个舒适幸福的文明村居（图6.48）。

图6.48　莱州市朱旺社区

6.4.2　农村社区适宜规模

根据《山东省农村新型社区规划建设管理导则（试行）》，农村新型社区人口一般控制在3000人以上，共分为三类：I类社区人口规模为3000～5000人，II类社区人口规模为5000～10000人，III类社区人口规模为10000人以上。

综合考虑社区主导产业、人口集聚能力、人口密度及现状基础等因素确定社区适宜规模。

城镇聚合型社区一般应达到5000人以上，村庄聚集型社区，平原人口稠密地区一般有5000人左右，略稀疏地区一般为3000～5000人，山地丘陵地区一般有3000人左右；村庄散居型农村社区规模一般为3000人左右。保留居民点至社区中心距离一般不大于2千米，村庄极稀疏地区一般不大于3千米。

6.4.3　农村社区总量预测

1）总量预测

规划2020年烟台市域总人口为790万人，2030年烟台市域总人口为850万人。烟台市2020年城镇化水平达到66%，2030年城镇化水平达到75%。规划期末烟台市发展150～300个农村新型社区，1000～1500个中心村。特色村250个左右，历史文化特色村40个左右，民俗风情特色村50个左右，自然风光特色村60个左右，产业发展特色村60个左右，城郊休闲特色村60个左右，每个县、市、区各创建100个生态文明示范村。

2）分区引导

根据农村新型社区建设适宜度评估，将烟台市域各镇分为三类策略区（见《烟台市新型城镇化规划》）。

一类策略区：离市（县）城区近、镇域乡村人口众多，最适合推进农村新型社区建设，建议发展3～5个新型社区。由于一类策略区的乡镇共有28个，因此预计共发展84～140个新型社区。

二类策略区：离市（县）城区有一定距离、经济发展水平强或有县、市级工业园区，建议发展 2 ~ 4 个农村新型社区。由于二类策略区的乡镇共有 25 个，因此预计共发展 50 ~ 100 个新型社区。

三类策略区：离市（县）城区远、缺乏产业支撑，建议仅在靠近镇区附近发展 1 ~ 2 个农村新型社区。由于三类策略区的乡镇共有 23 个，因此预计共发展 23 ~ 46 个新型社区。分区策划详见表 6.5。

表 6.5　烟台市农村新型社区建设策略分类

地区	一类策略区		二类策略区		三类策略区	
	数量	名录	数量	名录	数量	名录
福山区	0	—	2	高疃镇、张格庄镇	1	回里镇
牟平区	1	王格庄镇	2	玉林店镇、高陵镇	3	龙泉镇、水道镇、昆嵛镇
龙口市	5	北马街道、芦头街道、石良镇、兰高镇、诸由观镇	2	黄山馆镇、七甲镇	1	下丁家镇
长岛县	0	—	0	—	1	砣矶镇
莱阳市	4	沐浴店镇、姜疃镇、万第镇、照旺庄街道	6	团旺镇、谭格庄镇、河洛街道、吕格庄镇、山前店镇、羊郡镇	2	高格庄镇、大夼镇
莱州市	6	土山镇、金城镇、平里店镇、程郭街道、虎头崖镇、夏邱镇	1	驿道镇	1	郭家店镇
蓬莱市	4	刘家沟街道、大柳行镇、大辛店镇、北沟镇	2	潮水街道、村里集镇	1	小门家镇
招远市	5	辛庄街道、蚕庄镇、金岭镇、张星街道、阜山镇	3	玲珑镇、夏甸镇、齐山镇	1	毕郭镇
栖霞市	2	桃村镇、臧家庄镇	1	蛇窝泊镇	9	观里镇、唐家泊镇、亭口镇、寺口镇、苏家店镇、杨础镇、西城镇、官道镇、庙后镇
海阳市	1	留格庄街道	6	盘石店镇、小纪镇、行村镇、辛安街道、二十里店镇、朱吴镇	3	郭城镇、徐家店镇、发城镇
总计	28	—	25	—	23	—

3）市县规划引导

龙口市是以临港工业、外向型加工业、现代物流业为主导产业，以临港工业、外向型制造业、物流业和滨海旅游业为主的现代港口城市，以着力培育北部滨海经济板块和诸由观板块，积极承接烟台中心城区产业转移为发展策略。龙口市发展城镇聚合型社区 34 个，其中城市聚合型社区 12 个、小城镇聚合型社区 22 个，村庄聚合型社区 14 个，新农村中心村 45 个。

莱阳市以食品加工、机械制造、化工制药、电子信息为产业特色，是具有梨乡特色的外向型工业基地，充分发展临近青岛和烟台的区位优势，积极承接产业转移，以服务功能为发展策略。莱阳市形成城镇聚合型社区69个，其中城市聚合型社区27个、小城镇聚合型社区42个，村庄聚合型社区40个，新农村中心村74个。

莱州市以机械装备、能源化工、黄金、石材、生物育种、旅游物流为特色，以中心城区、三山岛辅城区和沙河镇为重点，以大力培育机械装备、能源化工、黄金石材、生物育种、旅游物流等主导产业为发展策略。莱州市发展城镇聚合型社区33个，其中城市聚合型社区10个、小城镇聚合型社区23个，村庄聚合型社区67个，新农村中心村90个。

蓬莱市以汽车零部件、造船、葡萄酒、旅游业为发展特色，以"仙境"旅游、葡萄酒产业集群、港口基地为特色，打造现代化的历史文化名城、海滨生态旅游城市，借渤海湾海底隧道工程和烟台潮水机场建设，强化区域枢纽功能，以延伸产业为发展策略。蓬莱市形成城镇聚合型社区34个，其中城市聚合型社区9个、小城镇聚合型社区25个，村庄聚合型社区54个，新农村中心村42个。

招远市以黄金产业、轮胎等汽车零部件产业、电子信息产业、机械装备制造业、食品产业、新能源产业、新材料产业和现代医药产业为发展特色，突出"中国金都"和"龙口粉丝"原产地两大品牌，培育宜居的山水园林城市；积极发展黄金、轮胎等汽车零部件、电子信息、机械装备制造、食品、新能源、新材料和现代医药等主导产业。招远市发展城镇聚合型社区27个，其中城市聚合型社区10个，小城镇聚合型社区17个，村庄聚合型社区28个，新农村中心村55个。

栖霞市以轻工、纺织及农副产品深加工为特色产业，实施"绿色发展"的可持续发展战略，利用生态环境、温泉等优质资源，打造"中国苹果第一市"的品牌，创建山东半岛重要生态旅游和特色农业城市。栖霞市形成城镇聚合型社区22个，其中城市聚合型社区10个、小城镇聚合型社区12个，村庄聚合型社区15个，新农村中心村66个。

海阳市以都市农业、林果业为特色，以海洋文化旅游、服装加工业为主导，以生产生活服务为特色，围绕"一体两翼"的建设，把海阳市培育为山东半岛蓝色经济区的重要节点城市，青烟威经济合作区的枢纽性中心城市，生态文明建设和新型城镇化发展的示范城市。海阳市发展城镇聚合型社区19个，其中城市聚合型社区8个、小城镇聚合型社区11个，村庄聚合型社区34个，新农村中心村74个。

长岛县以生态型大渔业、水产品精深加工产业、海岛海洋旅游产业为特色，以培育国际性海洋文化和休闲度假中心，全国重要的海岛旅游和海洋渔业基地为目标，以最适宜人居的海上花园城市为发展策略。长岛县形成城镇聚合型社区9个，其中城市聚合型社区7个、小城镇聚合型社区2个，村庄聚合型社区5个、新农村中心村14个。

7 村庄尺度的绿色人居单元设计研究

7.1 乐家村人居空间重构模式研究

7.1.1 村庄概况

乐家村位于山东省济南市章丘区普集镇东南方，是章丘生态富民工程的试点村（图7.1）。全村共114户，384口人。乐家村北临铁路线，南面有玉皇山，基本属于平原地貌，有耕地约33公顷（图7.2）。村庄响应政府号召，80%的住户建有户用沼气池，其余20%因集中在村西，地势稍高，不适宜建户用沼气池，为此村里筹划建设200立方米大沼气池供村西的住户使用。33公顷耕地大部用于种植核桃，但因核桃种植是近几年才推行的，树木尚处于幼苗阶段，所以作者的研究是基于村庄曾经的种植模式开展的，即以冬小麦、夏玉米一年两熟耕作模式为主，蔬菜种植为辅。村年均降雨量在700毫米左右。

图7.1 乐家村区位

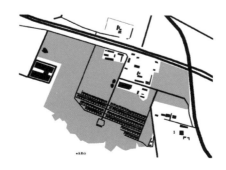

图7.2 乐家村大致范围

7.1.2　乐家村"三生"现状

要对乐家村进行空间重构的虚拟设计，就需要对它当前的生活、生产、生态现状特征和面临的问题进行分析。经过调研，乐家村现状如下。

1）能源、养分、水资源现状

（1）能源利用

大部分住宅有户用沼气池，农户做饭所需能源基本依靠沼气。电能是主要能源，照明和电器是主要的耗电源。农业秸秆是辅助能源，常被用来烧水，秸秆烧水这种现象在传统冬小麦、夏玉米耕种模式下更为普遍。

（2）肥料利用

沼气池产生的沼渣、沼液会作为肥料使用，但沼肥的数量不能够满足耕地的需求，农户一般会购买商品肥作为辅助用肥。沼气池的原料来自邻村的养殖场，有些农户养殖的少量畜禽的粪便及人类的粪便也会直接加入沼气池进行发酵，以减少有机垃圾的排放，但是秸秆一般不作为发酵原料。

（3）水资源利用

生活用水为自来水，灌溉用水来自井水。水资源主要用于灌溉，以及生活饮水和清洗。33 公顷耕地按一年两熟种植模式，需灌溉用水约 22 万立方米。村庄有排污管道，集中处理污水。

2）空间现状

乐家村主要的生产空间是耕地，分布于村庄周边。每户住宅沿街外墙处的花坛中多种植蔬菜，也有种植景观植物的。因院落空间限制，院落里的生产空间不多见，但多数住户会利用畜禽粪便入沼气池发酵，因此在厕所养殖少量畜禽。统一的二层小楼式住宅，排列整齐，村委会办公楼位于住宅区的南部。办公楼前是主要的入村道路，两边为主要景观带，种植景观树。200 立方米的地下大沼气池位于村西，通过管道向村西的几户人家供应沼气。乐家村生活、生产、生态空间处于较为规整的状态，但仍需要通过空间的重构进行一定的探索，解决能源、养分仍需大量从外界输入，水资源利用不够节俭的问题，追求生活、生产和生态之间的平衡的一体化发展（图 7.3）。

图7.3 乐家村现状

7.1.3 乐家村空间重构模式探索

1）模式一

（1）模式概述

模式一（图7.4）是在目前乐家村住宅尺度上进行的概念设计。

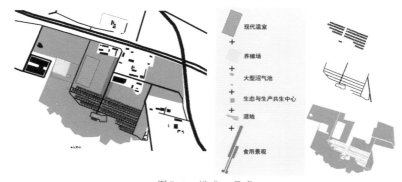

图7.4 模式一示意

① 居住单元尺寸为统一的 15 米 ×20 米，住宅建筑为二层小楼形式。建筑屋顶做种植温室，温室与住宅室内连通，彼此可以进行冷热气流的交换。一部分屋顶空间用于露天种植，形成休憩空间。

② 建筑外立面种植爬藤类植物菜，如丝瓜、苦瓜、豆角、葡萄等。

③ 庭院内开辟空间进行种植，结合厕所空间养殖禽畜。厕所下方设 8 立方米户用沼气池，禽畜粪便和人粪便作为沼气池每天需要添加的原料，应便于投料。

④ 除去村西 200 立方米的大型沼气池外，再建造一座主要用于发电的大型沼气池，产生的能源主要供村庄自身生产生活使用。

⑤ 大型沼气池附近建养殖场，养殖场的禽畜粪便可以作为沼气发酵的原料，弥补当前乐家村秸秆量远远大于粪便量的不足，避免从邻村买粪作为沼气池原料的情况。

⑥ 村北耕地建现代温室，占地 2 公顷，参与整个村庄的水循环、能量循环、养分循环。在生产、生活与生态上与住宅区相关联，形成住宅与温室共生体系。露天耕种区采用滴灌技术，加大水资源利用。

⑦ 办公楼结合屋顶温室、阳台种植、外立面种植及垂直种植进行空间的重构。生态与生产共生中心结合湿地公园成为办公楼区域的景观环境。

⑧ 村内景观轴线上种植果树，不同的果树在不同的季节呈现出不同的景观效果。每家每户入口处保留现存的种植区。

⑨ 建筑屋顶和内庭院设雨水收集设备。收集的雨水经简单处理，用于耕地和果树的浇灌，以及院落和道路的冲洗。

（2）平衡分析

这一模式在原有村庄肌理的基础上进行改造，新增了现代温室、发电沼气池、养殖场及包含一个生态与生产共生中心的湿地公园，并对住宅建筑、办公建筑和景观进行空间重构，形成具备生活、生产多重功能的空间。这一模式通过人居空间的重构设计，在扩展了农业种植空间的同时，可以在一定程度上改善村庄的生活、生产、生态现状。

能量平衡：在该模式下，农户做饭所用沼气完全来自户用沼气池。屋顶温室能够保证住宅冬暖夏凉，2 公顷现代温室足够为 114 户住宅和办公楼供暖并提供热水，每年至少可以节省 228 吨煤。按人均年用电量 647 千瓦时，全村年耗电 24.8 万千瓦时，可全部由大型沼气池产生的沼气发电供应。沼气发电过程产生的余热为沼气池供暖，可以保证沼气池各季节正常高效产气。

养分平衡：在该模式下，建筑屋顶空间可以提供约 28186 平方米的种植面积，养殖场使村庄实现了种植、养殖的共同发展，农业生产空间得到了拓展，再加上现代种植技术的利用，有利于农村经济水平的提高。院落、宅前的少量蔬菜种植，以及外立面的农业种植，可以满足农户日常生活所需。农户庭院层面的养殖和种植为户用沼气池提供了发酵用的粪便和秸秆，大型养殖场产生的粪便和农田及温室产生的农业秸秆废弃物作为发电用沼气池的原料，以及户用沼气池原料的补充。沼气池发酵产生的沼液及沼渣可以替代商用化肥返还到耕地和种植区。生活厨余垃圾被收集起来进行堆肥，就近作为庭院种植的肥料。

水平衡：建筑屋顶和住宅庭院的雨水收集根据济南年均降水量设计，建筑物屋顶每年能够收集雨水约 1.5 万立方米，再加上院落的集雨量，可以替代一部分耕地灌溉用水。现代温室参与村庄的水循环，植物吸收灌溉水后通过蒸腾作用产生的凝结水在温室内被收集，并作为饮用水送往各户。温室作物采用水培种植和滴灌灌溉，大片露天耕地采用滴灌技术，可以使种植物对水资源的利用率提高到百分九十以上，减少了大量不必要的水损失。生活用水经过梯级利用后，污水通过管道送入生态与生产共生中心和湿地进行处理，部分回收后补充耕地灌溉，基本实现生活用水零污染。在整个模式下，村庄减少了饮用水、灌溉水的投入，提高了灌溉水和生活水的利用率，还能在水循环中为住户供暖。

2）模式二

（1）模式概述

模式二（图 7.5）是选择高密度集合住区的形式进行村庄的概念设计。

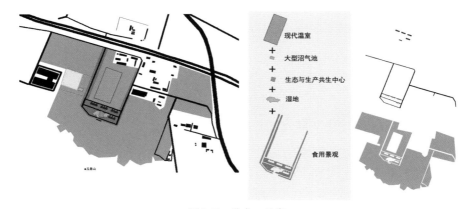

图7.5　模式二示意

① 住宅区为 4 栋 5 层的多层住宅楼（13 米 ×45 米）。住宅顶部做成屋顶温室和露天农园。交通结合垂直温室，形成公共休闲空间，人们通过农业活动增进邻里关系。各户的阳台根据农户的爱好种植少量可供食用的蔬菜，建筑外立面种植爬藤类蔬菜。

② 结合新建养殖场在村西建造大型沼气池，产生的能源主要供村庄自身生产生活使用。养殖场的禽畜粪便和部分农业秸秆通过沼气池的发酵产生沼肥，用于农业生产，替代商品肥。靠近沼气池的地方建秸秆气化站。植物的落叶残枝和剩余的大量农业秸秆通过气化，产生的可燃气体供应到每家每户替代烹饪用能。

③ 村北靠近住宅楼的耕地较为平坦，建现代温室。温室参与整个村庄的循环，与住宅楼在生产、生活、生态三方面紧密相连，形成住宅与温室共生体系。剩余大量露天耕地采用滴灌技术进行灌溉。

④ 办公楼结合屋顶温室、阳台种植、外立面种植及垂直种植进行空间的重构。结合湿地公

园构建生产与生态共生中心，作为办公区乃至整个村庄生态景观的一部分。

⑤ 村庄中种植可食用植物，行道树种植栗子树、核桃树。结合可食用灌木和蔬菜的种植，根据花期和结果期及植物形态的不同，形成多样性的景观。

⑥ 建筑屋顶设置雨水收集设备。收集的雨水经简单处理，用于耕地和景观植物的浇灌，以及道路的冲洗。

（2）平衡分析

模式二采用集中式住宅形式，拓展出大量耕地，并增建了现代温室、发电沼气池、养殖场及包含一个生态与生产共生中心的湿地公园。多层住宅及办公楼在空间上进行"三生"一体重构。整个村庄形成良性循环，对村庄现状具有一定的改善作用。

能量平衡：屋顶温室结合 2 公顷现代温室为 4 栋住宅楼和办公楼供暖，连同提供循环热水，每年能够节省约 228 吨煤。大型沼气池产生的沼气用来发电，沼气发电过程产生的余热为沼气池供暖。景观废弃物和农作物剩余秸秆通过秸秆气化，产生一氧化碳等可燃气体供做饭用能。

养分平衡：集合住宅模式可以增加约 42660 平方米耕地面积，另外，屋顶温室提供了约 2710 平方米种植空间，直接提高了农作物产量。养殖场使村庄实现了种植养殖的共同发展。垂直温室内的种植区划分到各户，连同阳台农业种植和立面种植为农户提供日常所需蔬菜。住户厨余垃圾收集到固定容器进行堆肥，作为屋顶温室和垂直温室种植区的肥料。养殖场的牲畜粪便、部分农业废弃物及生活黑水投入大型沼气池发酵，产生沼液、沼渣替代商用化肥返还到农业种植区。剩余农业秸秆以及可食用景观植物的落叶和修剪的残枝送往秸秆气化站处理，在此过程中产生的灰渣是一种较好的农业肥料。

水平衡：建筑屋顶每年能够收集雨水约 0.2 万立方米，用于建筑的垂直温室和屋顶温室种植区的浇灌。现代温室参与村庄的水循环，收集的凝结水是高质量的饮用水。现代温室采用水培培植，露天耕地利用滴灌灌溉，可以大大提高植物对水资源的利用率，减少水浪费。每户生活用水进行梯级利用，洗漱水和洗菜、洗衣水可以用作冲厕水。对污水进行分散式处理，灰水通过管道送入生态与生产共生中心和湿地进行处理，回收后补充耕地灌溉。黑水被送往沼气池参与发酵。

3）模式三

（1）模式概述

模式三（图 7.6）采用大尺度的庭院，将办公区和主要景观空间布置在村庄中心。

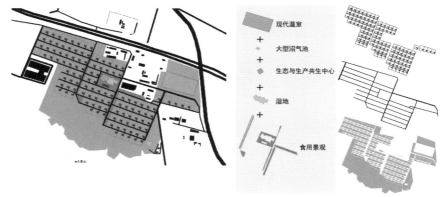

图7.6　模式三示意

① 宅基地面积扩大为 40 米 × 40 米。住宅建筑为二层楼形式，局部三层。建筑屋顶结合三层空间做种植温室，温室与住宅室内通过管道连通，进行冷热气流的交换。屋顶温室以外的屋顶空间开发成微型的屋顶农园，将农业生产与生活休闲结合到一起。

② 住宅建筑的外立面种植爬藤类蔬菜，阳台空间种植可食用景观植物，美化建筑立面的同时，收获食物，用于自己食用。

③ 大尺寸的庭院将部分耕地划分在内，采用滴灌技术，便于管理，更容易参与庭院的水循环。将畜禽养殖空间并入现代种植温室，温室与住宅建筑相连。温室地下设 8 立方米沼气池，方便人畜粪便、种植废弃物的发酵，可提供农业所需的肥料和一年做饭所需的沼气。庭院其余空间用于农作物和果树种植，将生产与生活空间融合，体现空间的多种功能。

④ 在村庄东部建造大型沼气池，产生的能源主要供村庄自身的生产、生活使用。大型沼气池对每家户用沼气池使用不了的粪便和秸秆资源进行回收利用，减少生产垃圾对生态环境的污染，沼液、沼渣作为肥料返田。

⑤ 村庄东北角耕地建 2 公顷现代温室，参与村庄能源循环。

⑥ 办公楼结合屋顶温室、阳台种植、外立面种植及垂直种植进行空间的重构。结合湿地公园构建生产与生态共生中心，作为办公区乃至整个村庄生态景观的一部分。生产与生态共生中心与办公区尽量位于村庄中央位置，便于管理和促进邻里联系。

⑦ 村庄景观以可食用景观植物为主，行道树种植栗子树、核桃树及各种果树。景观植物选择可食用灌木和各类蔬菜，通过植物花期、结果期及形态的不同，形成多样性景观，还可以提供可食用的果实和蔬菜。

⑧ 所有建筑屋顶及住宅庭院进行雨水收集。收集的雨水经简单处理，用于庭院农作物的浇灌和院落及道路的冲洗。

（2）平衡分析

模式三划分耕地形成 114 户住宅，耕地与庭院紧密联系。新增了现代温室、发电沼气池及包含一个生态与生产共生中心的湿地公园。这一模式通过人居空间的重构设计形成了庭院层面的小循环及村庄层面的大循环，通过能量、养分和水循环，在一定程度上改善了村庄的生活、生产、生态现状。

能量平衡：8 立方米户用沼气池产生的沼气全部用来供农户做饭使用。屋顶温室保证住宅冬暖夏凉，2 公顷现代温室为住宅和办公楼供暖系统提供热水。村东大型沼气池主要用于沼气发电。沼气发电过程产生的余热保证了沼气池发酵所需的温度，使沼气池各季节正常高效产气。

养分平衡：此模式将建筑屋顶利用起来，能够增加约 24538 平方米的种植面积，利用庭院的日光温室进行养殖和种植，能够提高经济效益。宅前路边及外立面种植的蔬菜，可以满足农户日常生活所需。温室和露天耕地收获的有机农作物是农户的主要经济来源。种植所需的肥料由沼气池提供。日光温室内牲畜的粪便、厕所的人类粪便及农业秸秆废弃物一同作为原料投放到沼气池内进行发酵，产生沼肥。每户未做处理的畜禽粪便和剩余秸秆作为沼气池发电用的原料，产生沼肥还田。

水平衡：建筑屋顶和庭院对雨水进行收集，每年每户能收集约 210 立方米的雨水，经简单处理后用于代替部分灌溉用水。现代温室参与村庄水循环，植物吸收灌溉水通过蒸腾作用产生凝结水，凝结水在温室内被收集，作为饮用水通过管道送往各户。现代温室采用水培培植，耕地利用滴灌技术，可以使灌溉水利用率达到 90% 以上，大大减少了灌溉水的流失。生活用水经过梯级利用后，最终的污水被送入生态与生产共生中心和湿地进行处理，经过处理的污水回收后成为灌溉水，减少了污染水对环境的破坏。

7.1.4 三种模式的评价

三种模式都通过"三生"一体的空间重构，在一定程度上形成了能量、养分和水的循环，并在提高经济产量的同时尽可能减少外界物质的输入。村庄的生活、生产、生态现状通过三种概念设计模式都得到了一定改善。

模式一和模式三都形成了庭院层次和村庄层次的循环利用。庭院是村庄循环的重要部分，是惬意的生活空间，同时也是经济增收的重要一环。模式一中的庭院尺度适中，耕地围绕住宅区。除了耕作区，农户在庭院范围中也存在农业生产活动，并形成了微循环，将庭院居住单元中的生活、生产和生态三个方面紧密联系起来。模式二居住密度大，集合式多层住宅的形式为村庄扩展出大量耕地，但传统的庭院随之消失，庭院经济和庭院循环也不复存在。相对于另两种较为传统的庭院模式，模式二需要利用垂直温室、阳台农业和屋顶种植将农业生产活动与建筑生活空间融合，同时通过这些重构空间增进邻里关系，促进各循环。模式三将庭院与划分耕地整合到一起，便于耕地管理，庭院尺度增大，能够更好地融入农业种养殖，庭院日光温室促进了庭院循环效率。这一模式将每户生活、生产、生态之间联系得更加紧密，但是耕地与庭院结合的大尺度居住单元加大了整个村庄的管理难度，也不利于邻里关系的增进。

7.2 济南市仁里村"三生一体"的绿色乡村设计研究

7.2.1 仁里村现状解读

1）村庄简介

仁里村东邻槲炭北峪，西南临近将军帽，村北桃花山有明代重修朝阳洞，东南为大水井。清同治八年（1869年），宋氏由村东槲炭迁此建村，以姓氏得名宋家屋子，曾改称为人立庄，后延续称为仁里庄，民国《续修历城县志》有"东庑乡南保全三——仁里庄"的记载。

仁里村现有耕地400亩，多为花椒树和果树种植，林地3000亩（图7.7、图7.8）。总人口为105户，280人，目前常住人口100人左右，主要是老人与孩子（60岁以上老人70余人，3至15岁适龄上学孩子25~27人）。中青壮年约180人常年外出打工，人口呈现快速流出状态。结合周边起伏的地势环境，仁里村呈点状分布的空间布局特征，房屋高低错落，各家房屋皆依山而建，顺势而上，盘踞在60余米高差的山坡之中。村居建筑主要以红色坡顶和灰色平顶为主，就近取用大小各异的各类山石作为房屋院落建材，叠瓦石墙，与周边山体有机融为一体。目前，村中存在大量废弃或质量不佳的老旧房子，除去春夏季节利用房前屋后的余留空地种植时令果蔬，其他时节多数土地处于闲置状态。总体而言，现状村庄存在人口结构老化，土地利用状况不佳，空间发展潜力不足，以及复杂山体地形所导致的交通不便等问题。

图7.7 仁里村地理位置　　　　　　　图7.8 仁里村俯视

2）区位分析

仁里村位于山东省济南市历城区仲宫镇，处于有"济南市后花园"之称的南部山区，该区域作为以水源补给、资源保育、绿色农业、观光休闲为主导功能的重要生态保护区，主要发展绿色产业、风景名胜和特色文化旅游。处于南部山区，仁里村具备发展特色乡村旅游的优良条件。村庄四周山峦缠绵、风景秀丽，北依麒麟山、桃花谷，南接锦绣川风景区，东临滩九路（济南东部城区通往南部山区的主干道），距离济南市区仅13.5千米，交通便利，属于典型的近郊乡村（图7.9）。

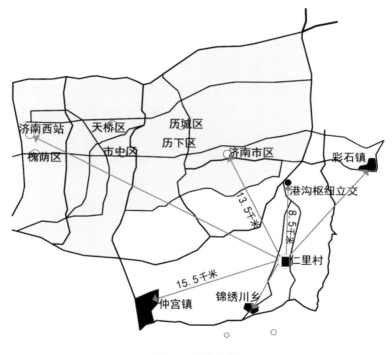

图7.9　区位分析

3）交通分析

外部交通联系方面，仁里村紧邻着连接济南东部城区与南部山区的港九路；内部交通方面，村内道路起伏较大，除了东西主干道作为主要的机动车道路，村中大部分街巷路面都是石材铺砌，宽度较窄，以步行和非机动车使用为主（图7.10、图7.11）。

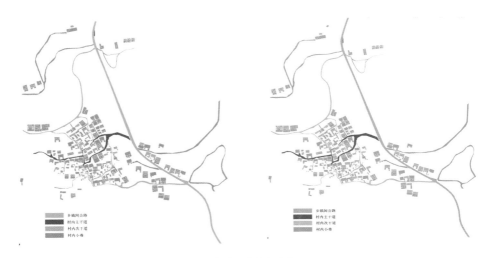

村庄外部交通及村内主干道

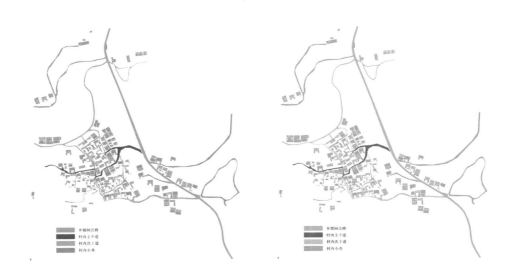

村内次干道及村内小巷

图7.10　仁里村道路现状

村外干道滩九路

村中小巷

村中硬化路

村中石砌路

图 7.11 仁里村道路现状

4）房屋现状

人居建筑类型多且混杂，年代跨度较大，风格多样，尺度各异，既有传统形制的山居院落，又包含新建不久的欧式风格建筑，反差强烈（图 7.12）。

普通一层住宅、两层洋楼、废弃石屋

图 7.12 仁里村建筑现状实景

但总体而言，村中石砌房子最具特色和代表性，就近取材，以砖砌脚，以石干砌填充墙体，建筑墙体在不断地修补过程中，形成了饶有趣味的拼贴墙面效果（图7.12）。2000年以后，随着村民收入增长，出现了大量自建的两层村居。但在有限的宅基地内，房的建筑面积过大，院子太小，空间布局不够理想，目前多数的两层或三层房屋闲置。而村中大量原生的石砌合院民宅，虽多数处于废弃状态，如在后期进行加固或改造，结合庭院的景观提升，可转化为乡村民宿等功能，实现生产空间与生活空间的互动（图7.13）。

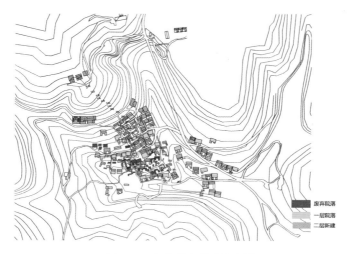

图7.13　仁里村房屋质量分析

5）人口现状

仁里村的大多数劳动力在济南市就近务工，其打工收入是家庭收入主要来源，现有常住人口中大部分为留守老人及儿童，老人负责管理家中田地。山东省大部分村子的人口密度约为户均3.5人以上，但仁里村每户为2.5人，呈现较为明显的乡村空心化现象（图7.14）。人口大量外流，村中生产及生活资源的利用率有限，如何吸引外部人员以增加村庄内生活力，是仁里村急需解决的重要问题。

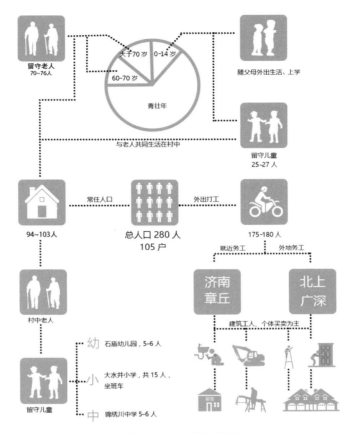

图7.14 人口现状分析

6）农业现状

仁里村处于鲁中东地区生态农业区，多样的地形地貌条件，绿化植被丰富，具有发展生态农业的自然优势（图7.15）。

图7.15 山东省生态农业模式分区

村中现有的 400 亩基本农田主要用于花椒树和果树种植，户均面积较小，总体产量有限，且村中目前没有农产品加工产业。田地基本依靠人工管理，较少使用农药，使用量也较少，花椒种植作为农业主要收入来源，每年户均 1000 斤左右，但由于主要依靠个人分销，经济收益有限（图7.16）。

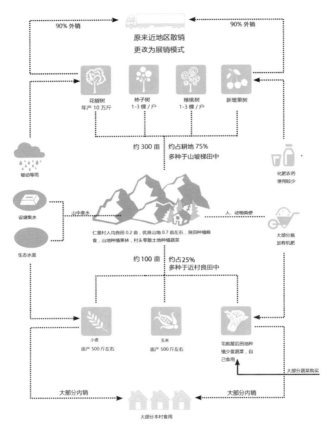

图7.16　农业状况

村中种植、养殖的类型较为单一且数量有限，销售花椒与少量蔬果的收入，大量用于购买粮食，无法实现生产资源的自给自足。结合村庄食物自产和外购数量的不均衡现象，实现食物生产的自给自足，并具备一定的向外输配能力，可有效改善资源利用现状，促进村庄经济发展，进而提高生活水平（图7.17）。

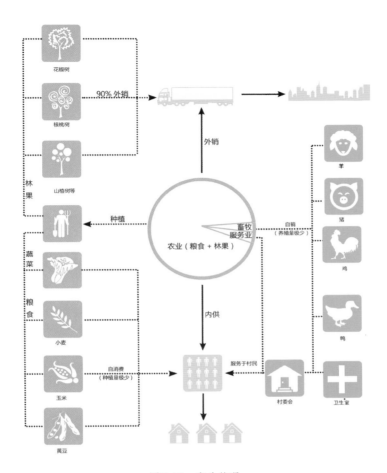

图7.17 产业状况

7）仁里村"三生"现状

仁里村"三生"现状如图7.18所示。

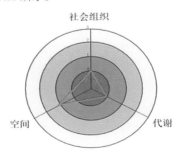

图7.18 济南市历城区仁里村"三生"现状

（1）社会组织方式

仁里村作为一个相对封闭的传统村落，村委会对农户的发展问题关注较少，集体组织关系及统筹管理能力较弱。单户耕作、自行分销的分散化运管模式，再加上村庄配套公共服务设施不足，难以充分利用土地资源，农业经济效益的提升有限。

（2）资源利用状况

水资源利用和处理方面：村庄内的生活、生产用水主要来源于井水，由村集体集中供应（图7.19），由于缺少污水排水设施，生活、生产的污水全部直接排放；村庄农田无机械化灌溉系统，浇灌用水主要来源于村民生活水。能源使用方面：村庄一般生产、生活用电从国家电网取电（图7.20），炊事能源较为多样，包括煤炭、天然气和电力，每户都有太阳能热水器，但在冬季，热水主要依靠电力获取。垃圾处理方面：生活垃圾采用村统一收集、镇集中处理的方式，未实行牢记分类和生态化处理。由此可见，目前仁里村的资源利用方面还是一种线性利用模式。

图7.19　仁里村供水模式　　　　图7.20　仁里村供电模式

① 污水排放：仁里村污水主要是生活污水，有三种排放方式：管道排污、明沟排污和路面直排，共同点是都未经过任何处理直接排放至自然环境中（图7.21）。

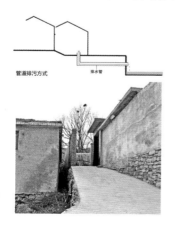 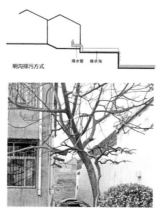 

图7.21　仁里村污水排放现状

② 垃圾处理：主要的生活垃圾由村收集、镇转运、市处理的集中化处理方式（图 7.22），村中定点摆放垃圾桶，但垃圾分类工作的开展效果不理想（图 7.23）。

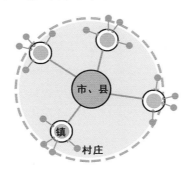

图 7.22　垃圾运输模式

图 7.23　垃圾收集

（3）空间整合模式

仁里村是典型的自下而上形成的传统农耕村落，村庄的功能混杂、空间多样，生产、生活空间没有明显边界。由于山地地形条件特点，除了宅基地划分规定外，每户院落形制会稍有偏差，房子建设基本不设限制，多数情况下住户根据自己经济实力、审美水平和空间需求进行建造。因此出现的部分二层欧式洋房，进深大，装饰繁琐，与村庄的整体建筑风貌形成强烈反差。这也反映了村民的审美情趣受外部城市化影响，倾向于所谓的"欧式建筑、现代风格"，较为忽视传统的乡土村居建筑。村居自建作为乡村营建的主要方式，如何正确引导村民重视传统乡村民居建筑的美学价值，注重个体与乡村整体风貌的和谐统一，是塑造和强化村庄特色风貌的重要方面。此外，院落空地及村中开放场地，常见庭院式的果蔬种植，除去道路用地，供村民活动和交流的公共空间较少。因此，地处大城市近郊、包含了多样杂糅建筑样式的仁里村，空间混合性特征明显。

7.2.2　仁里村设计总体概念及相关策略

1）设计总体理念

处在济南东部城区与南部山区交接位置的仁里村，地理位置优越，交通联系便捷，但现存空间及产业方面的问题。一方面，处于山地环境之中，分散布局的院落建筑，增加了生活、生产基础设施布置的难度，且增加了空间管理成本；村庄内外道路基本硬化，但村内大部分道路狭窄，影响机动车的行驶和停放。另一方面，现状农业基础设施仍较薄弱，农产品较单一，生产规模小，产量较小，生产率低（图 7.24），农业产业结构不合理，农作物深加工不足，附加值较低；耕地抛荒现象较为严重，农业衰落，劳动力外流趋势明显。

然而，仁里村处于山地环境之中，优美的地形地貌结合其原生态农业，使其具有发展乡村旅游的巨大潜力。在此基础上，如能有效混合生产空间与生活空间，种植具有高附加值的有机农产品，进行统一管理和规范化引导和运作，丰富产业多样性，可加强村庄吸引力的发展潜力。

特色鲜明的仁里村具备诸多优势，但其现状也反映了当今大多数传统乡村存在的问题和挑战。将其作为典型样本进行研究解读，对高效利用乡村产业资源，促进乡村资源技术整合策略，优化村庄空间形态和基础设施，进而制定针对性方针政策具有重要意义。

图7.24　仁里村种植现状

　　乡村不同于城市，不能将城市设计发展的思路方法直接用于乡村设计和空间营建。相较于城市规划和建筑设计的法定化和同质性，乡村发展具有"自下而上"的自发性特征，其产业构建和空间营建多表现出较强的自主性和灵活性。基于此，针对仁里村村庄现状，在可持续发展总体目标指导下，结合城市设计建设相关内容，研究全村域范围内资源利用、空间风貌、产业发展、生态优化等内容，形成一套刚性与弹性、控制性和导引性相结合的设计研究成果，为仁里村可持续发展更新提供指导建议。在继承保留传统生态化小农耕作方式的基础上，引入现代技术及设施推动绿色生态农业，同步发展休闲农业、社区支持农业（CSA）等多种配套产业；增加农业全链条产业，实现就地生产加工，并吸引外来人群就地消费，与此同时置入适宜的生态技术及设施，将垃圾废弃物及制造垃圾通过沼气厂的设置转换为有机肥。开发传统农业展览区，展示食物全生命周期，提供农耕文化教育基地，并将展区与销售区结合起来，形成独具特色的农产品展销市场。将生产、生活系统的空间进行一定程度的融合，人们可以休憩在由农田形成的天然氧吧，也可以在住宅的院落里装置温室，民宿区厨房、餐厅与温室种植相结合，创造新的功能类型和建筑概念。在此，探索一种完全契合乡村资源禀赋和气质特征，生产、生活一体化的绿色建筑模式（图7.25）。

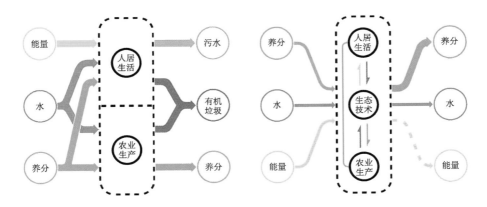

图7.25　乡村传统代谢系统（左）和乡村理想代谢系统（右）

　　仁里村"三生一体"的空间重构绿色乡村设计，通过对生产空间、生活空间现状分析与研究，提出与之相配套的、以生态农业为组件、以养分转化为核心，连通生产系统与生活系统的乡村绿色人居单元重构，立足农业这一根本，通过添建更新农业设施、优化改建住宅、重构院落内容，把农业生产与农民生活、农村生态环境等乡村人居环境建设问题有机关联起来进行整合研究，进行生产、生活空间重构与优化设计。构建"生产、生活、生态""三生一体"支持资源代谢，生产、生活互补共生的传统农区绿色人居单元（图7.26）。

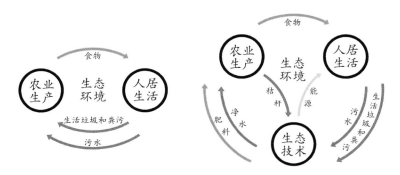

图7.26　传统乡村（左）与现代生态乡村（右）中生产、生活、生态三者之间的共生关系

设计将乡村休闲观光、现代农业生产和食物体验消费整合为一体，重点解决村域内农业生产、农民生活、生态农业和休闲旅游的相关问题。根据实际情况和实际需求对生产特点和生活空间特征进行继承和关系重构。在原有村庄的基础上更新生活、生产服务设施，添加市政、交通等设施，融入民宿、宾馆等新型住宅（图7.27），具体包括生产空间片区概念性规划，典型建筑单体功能空间设计，生产设施及生活设施设计，以养分循环为核心的生态循环系统设计，生产、生活一体化下的绿色建筑设计等部分（图7.28）。

图7.27　建设模式示意　　　　图7.28　发展模式示意

综上所述，仁里村应充分利用地理区位优势与自然资源，坚持以资源高效循环利用为目标带动乡村配套产业提升的可持续发展道路。村庄的人居环境更新和空间发展，仍需以村民为主体作为村庄发展建设的主要参与者和管理者，专注打造乡村生态景观及配套产业空间，同时围绕"闲""慢"主题，为外来游客提供高品质的旅游休闲服务设施，打造仁里村休闲驿站，营造初春踏青、盛夏乘凉、深秋采摘、冬日赏雪的乡村独特韵味。统筹兼顾保护和发展、延续与更新、坚守与应变的关系，逐步建设发展成为生态山村为环境吸引极，以农业和旅游为经济增长极，以村民和游客为人气聚集极，融生产、生活、生态"三生一体"的可持续绿色乡村。

2）设计总体逻辑

相较于城市庞大的空间层级和系统结构，乡村的空间规模有限，系统要素相对简单，但各类资源要素及尺度层级的相互关系密切，设计过程需要有机整合有限尺度内的各类资源要素，综合考虑社会、经济和环境因素，关联生产、生活、生态以提出整体性设计方案，避免单一的物质形态建造和技术设施堆叠。在土地利用方面，基于现状土地功能状况，结合外部资源的输入和利用状况，优化土地资源配置并控制总体功能布局，为村庄可持续发展提供基础支撑。在产业优化方面，依托现状环境及资源优势，重构产业类型和比例，进而优化公共服务设施配置，以实现生产、生活的关联统筹。

现阶段，乡村生态建设通过重构优化资源代谢路径，把具有内在共生关系的生产空间和生活空间有机整合，构建适于乡村空间生态系统特征和环境风貌特点的资源代谢系统和基础设施系统，以提高乡村资源循环利用效率，减少对外部资源的依赖，进而自下而上优化仁里村的空间形态、村居建筑和景观风貌。

7.2.3 设计方案

1）代谢计算及优化调整

通过村庄调研，村民年人均收入约 10000 元，外出务工者 15000 元，收入水平较低，日常饮食多以蔬菜、粮食为主，肉类较少，村内食物代谢处于较低水平。村中基础设施状况较差，缺少完备的给排水设施（村中有自修了水井和输水管道）。垃圾为实行分类收集，由转运车每周 2 次收集并转运至市区集中处理。能源方面，日常餐饮主要依靠电力和烧煤，无集中供暖设施，住户在冬季主要采用煤炭炉自行取暖。

（1）水代谢

水资源代谢包括水供应量、消耗量、污水排放量、污水处理量指标，表 7.1 反映了仁里村的水资源代谢水平。村子目前未与市政输水管网连接，水资源供应主要依靠村中自备水井，用于生活用水和农田灌溉。因此，污水主要是生活污水，都是未经收集和处理，直接自然排放，但排量较少。总体而言，水资源消耗水平不高，处理过程简单，处于较低的代谢水平。

表 7.1 仁里村水资源代谢总量现状

项目	输入	水井供应	消耗	雨水输出	污水排放	污水处理
水代谢量（吨／年）	0	1049974	945.35	1049061.5	774.05	0

（2）养分代谢

其中食物的代谢循环主要包含主粮、果类、蔬菜、肉类（主要靠外界输入）、蛋类的输入、生产、消耗和输出，其他食物及饲料不计入此次循环（表 7.2）。

表 7.2　仁里村养分代谢总量现状

养分	输入	生产	消耗	输出
食物（吨／年）	30.9	34.75	42.11	23.54
肥料（吨／年）	5.02	29.85	34.87	0
有机废物（吨／年）	0	52.02	52.02	0

仁里村食物输入量最多的是主粮，包括大米、面粉等加工后的粮食；其次是果类和蔬菜，一般都是非时令的；肉类生产种类单一，输入量也相对较大，蛋类主要靠输入（表 7.3）。该村生产的主粮含玉米、小麦等常见的农作物。果类为当地特产，有核桃、梨。村中经济作物是 22.7 公顷的花椒，产量为 500 千克/（户·年），该村共有居民 105 户，每年生产共 52.5 吨（不计入粮食循环）。每户有 2~3 棵果树，产量较低。村里青壮年都外出打工，村内只有老人种地，经济收入不依赖于农作物，农田疏于管理。村民自己种植的时令蔬菜总产量较低，原因是露天种植的蔬菜产量远小于蔬菜大棚，且种植面积分散，村民只能利用房前屋后的空地种植，导致产量低。该村主粮（量少）、果类（量少）、花椒均对外输出。蔬菜产量有限，只供村民自家消耗，不对外输出。

表 7.3　仁里村食物代谢现状

养分	分类	输入	生产	消耗	输出
食物（吨／年）	主粮	18	21	20	19
	果类	1.5	11.04	8	4.54
	蔬菜	8.4	1.6	10	0
	肉类	1.6	1.11	2.74	0
	蛋类	1.4	0	1.37	0
	合计	30.9	34.75	42.11	23.54

有机肥料代谢见表 7.4。村中牲畜、家禽养殖量小，村民粪便直接进入房前屋后的果蔬种植用地，仅余少量流入基本村居外围的农田，因此基本农田的化肥主要依赖于外来输入。参与养分代谢的有机废物主要为秸秆、人畜粪便或厨余类有机垃圾，秸秆只计算来源于农田的秸秆废弃物、果林树木凋落物以及蔬菜残余，荒山等区域不计入本次循环。总体看来，仁里村有机粪肥使用比例占 85% 以上，可见村中有机肥料的循环状况良好，有效减少了复合肥的使用量。

表 7.4　仁里村有机肥料代谢现状

养分	分类	输入	生产	消耗	输出
肥料（吨／年）	复合肥	5.02	0	5.06	0
	土粪	0	29.85	29.85	0
	合计	5.02	29.85	34.87	0

（3）能量代谢

仁里村的能源使用主要集中于生活用能方面，包括电力、煤、太阳能以及薪柴等生物质能。生物质能包括秸秆和薪柴（树枝和玉米芯），这里统一用柴指代秸秆和薪柴，各项指标也按薪柴计算。能量代谢包括能量输入、生产、消耗与输出等过程要素，通过村庄调研结合文献阅读，仁里村能量代谢总体状况如表 7.5 所示：电能使用量最大，其次是煤、秸秆和薪柴。总体能源输入量大于生产量，且自身能源生产方式及数量都较为有限，表明村庄能源的对外依赖型较强依靠外界输入，整体能量代谢水平较低。

表 7.5　仁里村能源代谢现状

项目	输入	生产	消耗	输出
电 / 千克标准煤	23331	0	23331	0
柴（秸秆）/ 千克标准煤	0	9650	9650	0
煤 / 千克标准煤	53572	0	53572	0
太阳能 / 千克标准煤	0	29250	29250	0

从表 7.6 中的数据可以看出，100% 的农村居民户使用电和煤；长期以来一直作为农村主要能源的柴（秸秆）等传统非商品能源的使用户数为 76.2%，成为除电和煤之外使用最为普遍的能源；太阳能使用比例为 62%，位于第三位；无人使用沼气。可见，在仁里村生活能源消耗的主要类型是：电、柴（秸秆）、煤等传统能源。

表 7.6　仁里村不同能源使用比例现状

项目	电	柴（秸秆）	煤	太阳能	沼气
使用户数	105	80	105	65	0
使用户数比例 /%	100	76.2	100	62	0

总体而言，仁里村的能源利用结构不够合理，能源类型相对单一且对外依赖性较强，对生态能源的利用效率效度有待提升（图 7.29）。虽然目前村内人均生活用电指标相对较低，但是未来农村中各类家电及公用设施的普及率会进一步提高，类型也会越加丰富，村民生活用电量将会明显增长。因此，提升太阳能和沼气等生态能源所占比例会有助于优化村内能源结构及相关资源的循环代谢水平。

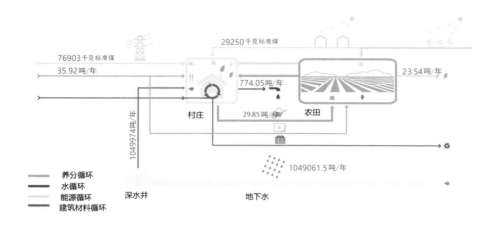

图7.29 仁里村代谢总循环现状

2）规划设计——空间和基础设施布局

（1）村庄功能空间设计

在村庄总体功能布局方面，基于其资源产业优势和空间分布特征，仁里村的总体功能空间可划分为现代农业片区、庭院温室区、农业展示试验区、生态循环设施等若干部分（图7.30~图7.32）。

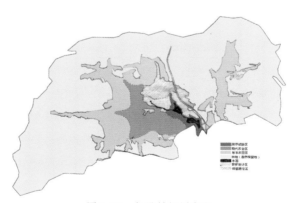

图7.30 仁里村规划意向

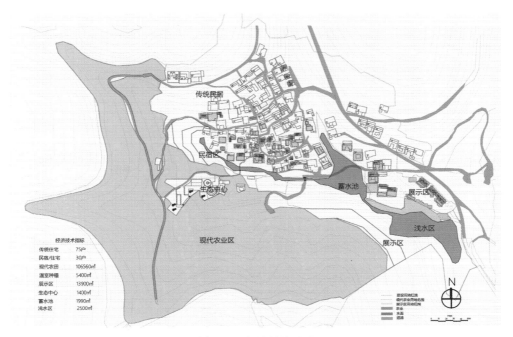

图7.31 仁里村总平面

图7.32 仁里村鸟瞰效果图

现代农业片区设计。主要位于村庄西南部相对平整的集中农田用地中，占地面积约160亩，与村庄建设用地交会处有泉眼，雨季时雨量充沛。设计方案中增设截流储水设施，为发展现代农业创造稳定供水环境，同时，引入生态大棚进行温室蔬菜及农作物种植，既可作为村民和外来人员的基本食物来源，又可开展温室采摘，形成兼顾生产和参与体验的四季农业乐园。

庭院温室区设计。村庄建设用地南部的传统石砌建筑——村居建筑群，荒废待置。基于其建筑庭院的现状布局形式和尺度特征，重新整合及改造其居住空间，将农业生产功能植入生活空间之中，形成与村居院落整合小型庭院温室大棚约 540 平方米，在增加农业种植空间的同时，又可为外来住客提供生态化、高品质的生活场所。

农业展示试验区设计。整合生产空间与消费空间，既是种植产业园，又是展示生态农业生产过程的展览馆和农产品销售中心。游客可在此处体验农业耕作，了解农产品生产过程，购买有机食蔬，并且可以在生态餐厅品尝健康餐食。

生态循环设施设计。包括沼气站、污水生态沉淀塘等生态型基础设施系统，是整个绿色乡村循环的核心，其良性运转是保证村域空间内各类资源循环代谢的关键。结合村庄地形地貌和所处理各类资源数量及规模，需要选择适合的技术设备、规模容量和空间安放位置。如设置沼气站主要是将生产、生活系统中的人畜粪便及有机垃圾收集后进行厌氧发酵，转化为沼气燃气资源，同时沼渣、沼液供农田施肥，整个过程需要保证处理能力和产气能力满足村中垃圾排泄量与燃气需求量的动态平衡，形成秸秆—养殖—粪便制沼—沼渣、沼液还田施肥的资源闭合循环。

（2）村庄市政系统概念设计

本次市政管线设计主要涉及供水系统、排污系统、沼气系统、供电系统四个部分（图 7.33）。

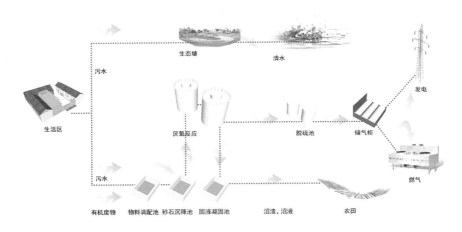

图 7.33　工艺流程

供水系统（图 7.34）：由于村庄距离城市市政管线较远，村中生活区供水方式仍旧依靠深水井，沿现状道路铺设供水干网和支路管网供水到每户。村西南处设置蓄水池，截流蓄水，结合村中原有供水管道，增加选择控制阀门，以同步供给农业灌溉用水，提高地下水的循环使用量。选择蓄水池结合管网供水，既可以收集雨水，增加水体在村内循环系统中的停留时间和循环周期，又可有效减少村中原有深水井取水量，不影响村民的日常生活用水量，且解决现代农业及温室农业灌溉需求。

供水系统：深水井+蓄水池 ┬ 生活用水
　　　　　　　　　　　　└ 农业生产用水

图 7.34 供水系统示意

排污系统（图 7.35、图 7.36）：铺设污水管网，将每户村民产生的生活污水收集起来，输送至沼气厂集中处理，处理产生的沼液进入田地，达标清水排入蓄水池，从而实现村庄内水的循环使用。村内沿主干道设置分散垃圾收集点，每个收集点设置分类垃圾箱，大约每天回收一次。经分类处理后的垃圾由垃圾车集中收集，其中的可回收建筑材料集中收后输送回村内加工处理后循环使用，其余不可回收的无机垃圾输出村外。有机垃圾输送至生态循环中心，处理后产生沼气、沼渣和沼液，其中沼气供应村中燃气及部分供暖，沼渣和沼液输入田地，该系统使垃圾的收集率得到提升，有机废物由原来的沤肥进入沼气站转化为沼肥，提升了肥料的转换率。肥料就地循环，节约资源，减少环境污染。

排污系统：污水管网收集 ── 沼气处理 ┬ 沼液还田
　　　　　　　　　　　　　　　　　　└ 清水入蓄水池

图 7.35 排水系统示意

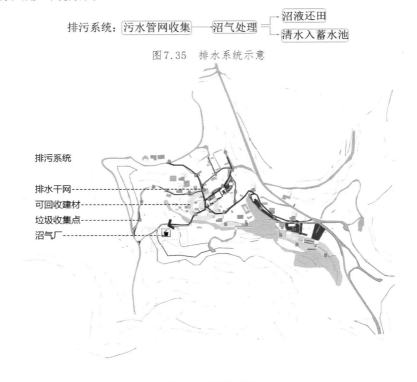

排污系统

排水干网--------
可回收建材--------
垃圾收集点--------
沼气厂--------

图 7.36 排污系统

沼气系统（图 7.37、图 7.38）：以生态循环中心作为起始点向村庄供应沼气，沿主干道下方铺设沼气输配管网，制备沼气供应村民做饭和冬季取暖，夏季时的剩余沼气可进行沼气发电，剩余电量可并入国家电网,产生一定的经济效益。以沼气系统取代薪柴简单焚烧取暖做饭的使用方式,改变村庄"三大堆"杂乱的环境面貌,实现村庄的生态节能,同时减少了污染,具有多重效益。

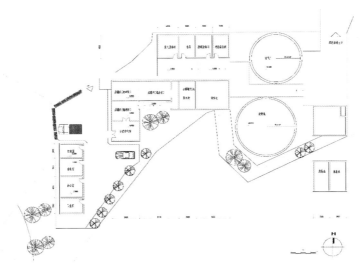

图7.37　沼气厂平面

沼气系统:

图7.38　沼气系统示意

供电系统(图7.39):村庄电力主要依靠外部的市政电力输入,但随着用电类型和数量的持续增长,村内现状电力设施的稳定性难以保证。因此,在村庄内新建及改建区域,将生物质能源生产(沼气发电)与传统电力设施结合,可有效保证村庄生产生活用电的可持续性和安全性。

供电系统: 国家电网 —— 变电站 —— 住区 + 沼气厂
沼气发电

图7.39　供电系统示意

3)功能空间设计说明

(1)居住空间设计

本节主要节选更新后的典型院落居住模式,在原有建筑形态基础上更新建筑空间,植入大棚种植模式，形成住产一体空间，原有传统建筑模式暂不列举（图7.40）。更新的院落中增加温室种植，丰富居住空间，建造居住氧吧。此类院落多是村中废弃石屋，因此，墙体建设及修复主要使用原有建筑的石材。石材与新增温室玻璃体现了传统与现代的碰撞，新旧的交融，同时增加了村中作物产量。

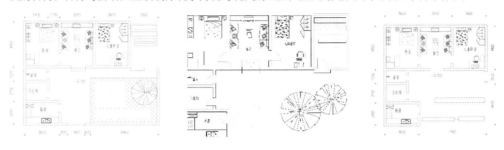

图7.40 典型院落形态

（2）生产空间设计

生产空间包括三部分，其中主要的生产空间是10.7公顷的现代农业种植区和1800平方米的院落温室，两个片区作物产量可满足基本村民及流动人口生活所需的粮食、蔬菜、瓜果（图7.41、图7.42）。第三部分是展示试验区，此区域主要为试验、展销区，是村中活菜市场的一部分。

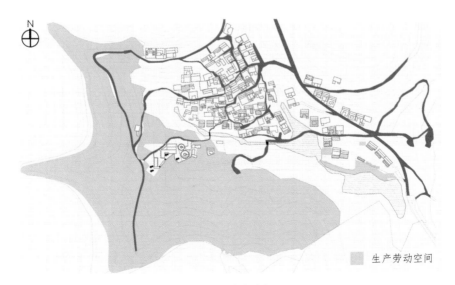

生产劳动空间

图7.41 生产空间

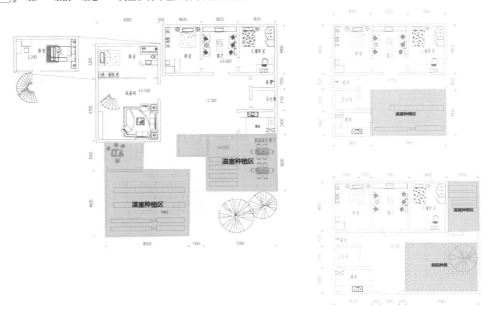

图7.42 院落种植模式

（3）循环中心——沼气厂设计（图7.43）

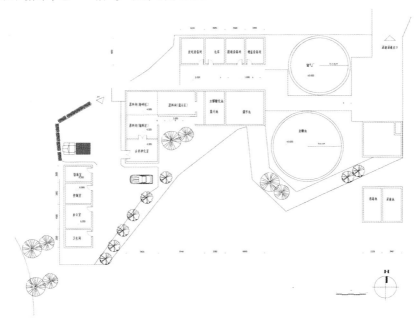

图7.43 沼气厂平面

在仁里村设置沼气厂的主要作用包含以下两个方面：一是通过厌氧反应过程消纳处理村庄产生的有机废物（人畜粪便、有机垃圾等），提高仁里村环境品质；二是获取沼气满足仁里村的能源需求，产生的沼肥改善农产品种植环境，实现平衡村域内的资源代谢。因此，沼气厂的规模及其处理能力应大于村庄有机废物产生量，产气量应大于冬季用气峰值。

沼气厂选址中西南部田地中的建设用地，主要基于以下几方面原因：一是位于规划的现代农业片区之中，便于农田有机垃圾和秸秆的运输，同时产出的沼渣、沼液方便入田施肥；二是临近次要干道，便于生活区产生的各类有机垃圾运输，且不会干扰游客的主要活动区；三是距离生活居住区较近，方便沼气入户；四是距离污水生态沉淀塘较近，方便污水的输送和处理。

在沼气站的规模及容量设定方面，结合相关数据计算确定发酵池容量应为1000立方米，通过日均原料流量可以确定调配池与沉降池尺寸，固液贮留池尺寸则通过反应过后剩余沼渣、沼液数量确定。通常情况下的产气量为750立方米，原料充足时产气量可达1800立方米，储气柜体量约为日均产气量的40%~60%，因此储气罐容量应设800立方米为佳。

4）更新后的资源代谢状态

更新后村庄的代谢循环见图7.44。

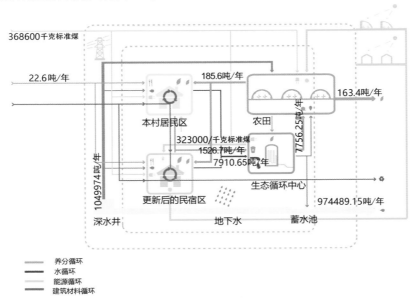

图7.44 更新后的村庄循环

（1）水代谢

水代谢由水的供应量、消耗量、污水排放、污水处理、清水输出量表示，它反映了仁里村水资源代谢的水平，仁里村居民水代谢总量见表7.7。

表 7.7　更新后仁里村水代谢总量

项目	输入	生产	消耗	输出	污水排放	污水处理
水代谢量 （吨／年）	0	1049974	7910.65	974489.15	7910.65	7910.65

更新后水的供应维持现状，降雨量不变的情况下水供应不变。水的消耗主要指生活用水消耗，人均用水量增加，用水人数增加，总量较原来增加 7.3 倍多。新增生产用水包括增加的游客 210 人的用水，回村务工及外来务工人员 50 人的三餐用水，环境改善设备的用水，大棚灌溉用水及原有用地的灌溉用水，灌溉保证率比原来提升，原有果林、农田、菜地灌溉用水量增加。

污水的排放：村民及游客的生活污水、餐馆及民宿的生产污水、人畜产生的尿液，进入生态循环中心净化后重新进入循环，无污染。清水的输出包括直接流走的水，以及因人口增多，造成的消耗水增多，故输出的清水有所减少。更新后，村庄水的代谢水平提高，仍维持平衡状态，且污水全部处理，保证环境不受污染，符合生态乡村的要求。

（2）养分代谢

养分代谢总量反映了仁里村养分代谢的水平（表 7.8）。

表 7.8　更新后仁里村养分代谢总量

养分	输入	生产	消耗	输出
食物（吨／年）	22.6	349	208.2	163.4
肥料（吨／年）	0	7756.25	7756.25	0
有机废物（吨／年）	0	1526.7	1526.7	0

由上述图表可以看出，更新后的养分代谢过程中，各项养料数值均大幅增加，肥料比重居第一位，其次是有机废物和食物。该村的输入量、输出量占比减小，生产量与消耗量即自我循环量增大，且无多余资源浪费，无污染物的输出，养分代谢处于平衡状态。村庄在维持原来高度自循环的状态下，降低了对外的依赖程度，提高了自身的养分代谢水平，资源更丰富，因而更新后的村庄可实现生态目标。

① 食物代谢：见表 7.9。

表 7.9 更新后仁里村食物代谢

养分	分类	输入	生产	消耗	输出
食物（吨／年）	主粮	0	176	85.7	90.3
	果类	14.4	112.8	69.6	57.6
	蔬菜	2.4	33.6	36	0
	肉类	1.8	25.7	12	15.5
	蛋类	4	0.9	4.9	0
	合计	22.6	349	208.2	163.4

更新后，村庄食物代谢总输入量基本不变，输出量大幅提升，产量及消耗量大幅提升，代谢循环水平提高。由公式"输入＋生产＝消耗＋输出"可知，代谢维持平衡，无食物浪费。村庄在维持原来高度自循环的状态下，降低了对外的依赖程度，提高了自身的食物代谢水平，同时增加了对外的供给量，提升了村庄活力。

② 肥料代谢：主要为复合肥、土粪、沼渣、沼液的代谢循环过程（表 7.10）。

表 7.10 更新后仁里村肥料代谢

养分	分类	输入	生产	消耗	输出
肥料（吨／年）	复合肥	0	0	0	0
	土粪	0	0	0	0
	沼渣	0	456.25	456.25	0
	沼液	0	7300	7300	0
	合计	0	7756.25	7756.25	0

肥料代谢循环以沼渣、沼液为主，不再使用土粪和复合肥。沼渣、沼液肥效好且环保。田地实际消耗量与肥料需求量基本相差不大。更新后，该村肥料仍然保持高度自我循环，由肥料代谢循环的公式"输入＋生产＝消耗＋输出"可知，代谢维持平衡，无浪费，无对外输出，肥料代谢的效率及水平提高，结果符合生态目标。

③ 有机废物代谢：主要为秸秆、人畜粪便、有机垃圾的代谢循环（表7.11）。

表7.11 更新后仁里村有机废物代谢状况

养分	分类	输入	生产	消耗	输出
有机废物（吨/年）	秸秆	0	150.9	150.9	0
	人畜粪便	0	76.65	76.65	0
	有机垃圾	0	44.2	44.2	0
	合计	0	271.75	271.75	0

由上表可以看出，人畜粪便占有机废物比重第一，秸秆排第二，有机垃圾量最少，与现状相比数量增加，比例不变。同时秸秆消耗的方式发生转变，由原来的焚烧转变为牲畜饲料，减少了资源浪费，改善了环境污染状况。有机废物均通过绿色方式在村内完成高效代谢循环过程，无资源浪费，无环境污染，且代谢循环处于平衡状态，无对外输出。

④ 能量代谢：由能量输入量、生产量、消耗量与输出量表示，它反映了更新后仁里村能量代谢的水平（表7.12）。

表7.12 更新后仁里村能量代谢

项目	输入	生产	消耗	输出
电/千克标准煤	293600	72900	366500	0
柴（秸秆）/千克标准煤	0	0	0	0
煤/千克标准煤	75000	0	75000	0
太阳能/千克标准煤	0	49250	49250	0
沼气/千克标准煤	0	273750	273750	0

整理数据可知，电在能量代谢过程中居第一位，其次是煤和太阳能。输入量大于生产量，村庄仍依靠外来能量。该村的消耗量为输入和生产量之和，输出量为零，无多余能源浪费，能量代谢处于平衡状态，村庄整体能量代谢水平较原来得到提升（表7.13）。

表7.13 更新后仁里能源使用比例现状

项目	电	柴（秸秆）	煤	太阳能	沼气
使用户数	105	0	74	105	105
使用户数比例/%	100	0	70	100	100

更新设计后仁里村生活能源消费的主要类型依次是电能、太阳能、沼气、煤，不再使用柴（秸秆），少部分家庭不再使用煤。更新前后能源使用比例及类型的变化反映了村民生活方式（尤其是与生态能源相关的资源处理方式）的转变。原有传统能源的使用量减少，新型能源的使用率大幅提高，焚烧柴薪的粗放式资源利用方式被取代，减少环境污染，实现了生态村的能量代谢目标。

5）分析与评价

对比现状与更新后的资源代谢状况，考虑到人口增多和生活水平提高等因素，水资源使用方面，生活生产用水项目及消耗总量增加，但由于优化了水资源的循环使用方式，相较于乡村传统生活模式下的人均耗水量是有所降低的，如灌溉时采用喷灌且剩余水体经过简单处理后继续进入循环系统，减少了灌溉耗水量。养分代谢方面，因为提高了有机废物的收集利用率，沼渣、沼液等有机肥料的使用增加。食物生产方面，引入了现代农业、生态大棚及庭院温室，通过科学化的农业管理方式及先进农业技术的应用，增加了村内食物产量。能量代谢方面，更新之后人均能耗提高，但由于提高了可再生能源的使用率，沼气和太阳能取代了传统的薪柴燃烧，因此外部电力输入保持不变（图7.45、图7.46）。

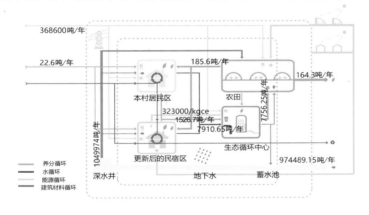

图7.45 更新后代谢循环

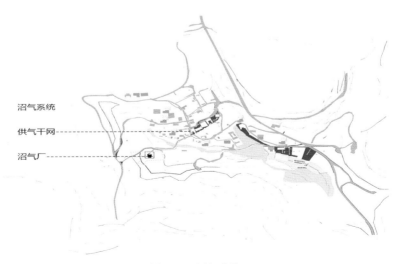

图7.46 沼气系统

综上所述，相较于现状，通过引入生态技术设施和优化资源管理模式，仁里村的水资源、养分、能量的资源代谢效率水平得到较大提升，资源浪费及其环境污染现象减少，村庄生态环境进一步优化，符合设定的生态乡村建设目标（图7.47）。

图7.47　庭院落院效果图

7.3　西单村人居空间概念性设计研究

7.3.1　村庄概况

淄博市临淄区朱台镇西单村，位于临淄区西北部，镇政府北偏西4.5千米处，博临路东侧，是典型的平原农村（图7.48~图7.50）。该村以粮食、蔬菜种植为主要产业，并形成初具规模的奶牛养殖产业。全村共有330户，1201口人，耕地面积104.67公顷，人均8133平方米，耕种模式为一年两熟，主要种植小麦、玉米，小麦产量为400~500千克/亩，小麦秸秆产量为400~500千克/亩，玉米产量为650~750千克/亩，玉米秸秆产量为1300~1500千克/亩。另有蔬菜大棚60个，每个大棚面积0.13公顷，藕池2.67公顷，养殖奶牛200头。该村通过建设1万立方米玉米秸秆青贮池、1500立方米大型沼气池形成了"牛粪—沼气池—沼液、沼渣还田—秸秆青贮养牛"的物质能量循环模式，沼气每年消耗牛粪923立方米，沼气池还可以处理农户粪污——农户每户每年抽取化粪池两次，每次1.5~2立方米送往沼气站进行发酵处理。生产的沼气铺设管道入户作为燃气供农户做饭使用，沼液、沼渣还田，可以减少化肥使用量30%以上。这种物质能量循环模式不仅有效利用了农业、生活中的有机垃圾，提供了有机肥料，还为农户提供了清洁生活能源，改善了农村人居环境。

| 明沟排水 | 奶牛养殖场 | 沼气站 |

| 村庄街道与绿化 | 沼气灶具 |

图7.48 西单村现状实景

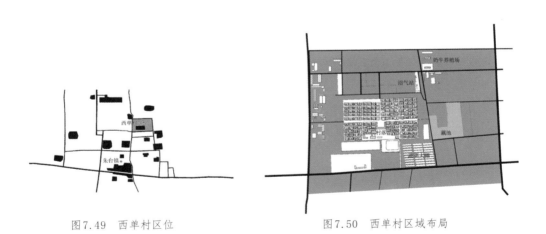

图7.49 西单村区位　　　　图7.50 西单村区域布局

7.3.2 西单村"三生"现状

1）社会组织方式

西单村成立农民合作社，对村庄发展与人居环境建设起到了积极的作用，同时与村内奶牛养殖企业合作，将奶牛粪便作为发酵原料用于沼气生产，解决养殖粪便污染的同时，也为村民提供了炊事燃气。同时，村民每年两次抽取自家化粪池粪便送到沼气站作为发酵原料，解决生活粪污。总体而言，农民合作社、企业、农户之间共同为乡村建设与人居环境发展积极努力，但各自仍可发挥更大的作用。

2）代谢模式

该村自打井供村民生活、生产用水，同时结合村内道路硬化，铺设了污水排放管沟 3000 米，污水通过明沟排至村周围池塘。水资源主要用于灌溉，以及生活用水。104.67 公顷耕地按一年两熟模式种植，需灌溉用水约 66 万立方米。

外接常规电力，国家电网取电。炊事能源使用：冬季煤炭、天然气，夏季天然气、沼气，沼气使用量为 1.2 立方米 /（户・天）。沼气生产不能完全满足炊事热力需求，受季节温度影响，主要产气时间为每年的 5～10 月。村沼气站发酵罐容量 1500 立方米，储气罐容量 800 立方米，沼气产量 310～320 立方米 / 天，每天消耗牛粪 2～3 立方米，年消耗牛粪量 923 立方米，生产沼肥 1000 立方米，沼肥还田，可节省约 30% 的化学肥料。冬季家庭烧煤取暖，每年约消耗煤炭 1～1.5 吨 / 户，时间 3.5～4 个月。约有 50% 的家庭安装有太阳能热水器。生活垃圾集中收集、集中转运处理。沼气池原料主要靠奶牛粪便，小麦秸秆全部还田，玉米秸秆部分用于制作青贮饲料，其他全部还田，每年青贮饲料产量为 6000 吨。因在制沼过程中需要有一个粉碎的步骤，所以秸秆不用于制作沼气。总体而言，村庄正常运行时对外部能源依赖程度较大。

3）空间整合模式

西单村经过 1983 年规划重建，形成了目前的兵营式村落布局，每户占地为 25 米 ×16 米，其中庭院面积 272.6 平方米，曾经产生过辉煌的庭院生态经济，并获得省级农业先进单位、省级文明村、世界环境生态农业奖等，但由于庭院经济的普遍衰落，目前庭院种植与养殖已经基本消失。每户宅基地沿街外墙处或街角花坛等，多种植景观植物，较少种植果蔬。

生活、生产、生态空间处于较为规整的状态。生产、生活基础设施等以村庄为主，在村落尺度上建立了部分物质与能量循环系统，但仍需通过"三生"改造进行一定的探索，解决能源、养分大量从外界输入，水资源利用等问题，追求生活、生产和生态之间的平衡一体化发展。

7.3.3　模式改造及分析

1）水

全村生活污水日排放量为 30 立方米，通过自回流立体网框生物转盘及水耕蔬菜型人工湿地处理技术，将村南水池改造成 0.27 公顷水生蔬菜型人工湿地，每年以空心菜和水芹菜轮种为例，空心菜年产量约为 2000 千克 / 亩、水芹菜年产量为 500 千克 / 亩，可产生收益不低于 2500 千克 / 亩（表 7.12）。这种处理方式在处理生活污水的同时，也节约了土地资源，营造了生态景观，增加了食物产量。

表 7.12　水耕蔬菜型人工湿地分析

设计处理能力	需要人工湿地面积	设计人工湿地面积	蔬菜产量	蔬菜秸秆
50 立方米	2500 平方米	2666.67 平方米	10000 千克 / 年	3000 千克 / 年

注：每处理 1 立方米污水约需要 10～50 平方米人工湿地，设计选取最大值。

2）电

利用住宅坡屋顶安装 20 片太阳能光伏发电装置，既可以平衡农户生活用电量，又可以减少农户家庭用电支出。太阳能作为清洁能源，还可以降低用电对环境的压力。目前，光伏发电收购价为 0.95 元 / 千瓦时，因此，除满足生活用电需求外，每户每年还可额外获得 5000 元左右的收益，两年便可收回成本（表 7.13）。

表 7.13　光伏电板发电分析

价格 / 片	尺寸 / 片	峰值功率 / 片	单片发电量	最高发电量
300～500 元	1.640 米 ×0.992 米 ×0.04 米，1.63 平方米	250 瓦	1 千瓦时 / 天	7200 千瓦时 / 年

注：光伏板安装数量 20 片，平均每天有效光照 4 小时，人均生活用电 481.7 千瓦时 / 年。

在 60 个温室大棚上方安置 2200 平方米太阳能光伏电板，有效利用大棚上方闲置空间，进行清洁能源发电。每年可生产清洁电能 48.5 万千瓦时，平衡生产用电，并能产生盈余（表 7.14）。

表 7.14　生产用电分析

大田	大棚	养殖	其他生产用电	总用电需求	总发电量
37.68 万千瓦时 / 年	4.32 万千瓦时 / 年	3.5 万千瓦时 / 年	1 万千瓦时 / 年	46.5 万千瓦时 / 年	48.5 万千瓦时 / 年

注：大田每亩用电 240 千瓦时 / 年，大棚每亩用电 360 千瓦时 / 年。

3）农业生产

第一，保留村庄的大尺度庭院现状，发展庭院种植及庭院立体种植，庭院底部种植蔬菜，上方种植藤蔓类植物，如葡萄、丝瓜等，每户可增加庭院种植面积 20 平方米，加上立体种植，年产蔬菜可达到 185 千克（每平方米产 3.7 千克，施以沼肥可增产 20%～30%，以中间数值为准）。结合建筑平屋顶上的空间，发展屋顶种植及屋顶立体种植 20 平方米，扩大屋顶土地种植面积，促进生产、生活一体化，可年产蔬菜 185 千克（数据计算同上），还可产生调节温度、截留雨水等效益。宅基地街道一侧统一开辟 1.2 米 ×15 米的种植区域，以果蔬绿化代替常规绿化，施以沼肥，加上立体种植，每年可生产 166 千克果蔬，同时还可以营造生产性景观（图 7.51）。蔬菜废弃物与生活厨余垃圾可作为蔬菜大棚区沼气池发酵原料。

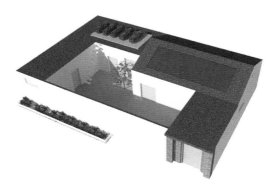

图 7.51   改造后的庭院

　　根据以上庭院空间改造方式，每户可增加种植投影面积 58 平方米，全村可增加种植投影面积 1.91 公顷，依靠庭院每年可生产蔬菜 177 吨，并可产生 52.8 吨的蔬菜废弃物及 254 吨厨余垃圾用于沼气发酵，补充能源利用（表 7.15）。

表 7.15   庭院种植与厨余垃圾循环

蔬菜产量		蔬菜废弃物量		种植投影面积		厨余垃圾	
536 千克 /（年·户）	177 吨 /（年·村）	160 千克 /（年·户）	52.8 吨 /（年·村）	58 平方米 / 户	1.91 公顷 / 村	211.7 千克 /（年·人）	254 吨 /（年·村）

注：以年为单位，草谷比 0.3，人均垃圾 0.96 千克 / 天，厨余垃圾按 60% 计算。

　　蔬菜大棚区安装 500 立方米沼气池，处理各类蔬菜废弃物及生活厨余垃圾，年处理各类蔬菜废弃物能力将达到 700 吨以上，根据每年 670 吨的处理量，年沼气产量为 1.98 万立方米，沼肥产量为 620 吨（数据来自调研），沼液通过管道返田，供大棚施肥用，沼气输入大棚，调节棚内二氧化碳含量，其余通过安装管道供农户炊事使用。大棚附近建造厕所，在厕所上方的屋顶安装陶瓷太阳能光伏电板 45 平方米，保证沼气发酵在冬季能正常进行，同时利用沼气池处理厕所粪污（表 7.16、表 7.17）。

表 7.16   蔬菜大棚种植分析

蔬菜大棚面积	蔬菜大棚年产	蔬菜秸秆量	蔬菜秸秆总量
8 公顷	10000 千克 / 亩	3000 千克 / 亩	360 吨 / 年

表 7.17   蔬菜大棚区沼气池发酵分析

蔬菜秸秆总量	沼气产量	厨余垃圾总量	沼气产量	沼气总产量	沼肥总产量
415.8 吨 / 年	11.77 万立方米 / 年	254 吨 / 年	16.1 万立方米 / 年	27.87 万立方米 / 年	620 吨 / 年

注：蔬菜废弃物厌氧发酵沼气产率达 0.233 ~ 0.333 立方米 / 千克，取中间值；餐厨垃圾厌氧发酵沼气产率达 0.6338 立方米 / 千克。

4）供暖

安装秸秆锅炉集中供暖，1吨秸秆烧锅炉可供取暖面积1万平方米，每天消耗秸秆5吨，年消耗秸秆600吨（按每年供暖4个月），大约节约标准煤343吨。剩余秸秆经过粉碎后，作为沼气站沼气发酵原料（表7.18）。

表7.18 取暖消耗秸秆分析

小麦	小麦秸秆	玉米	玉米秸秆	青贮饲料消耗	取暖秸秆	剩余
706吨/年	706吨/年	1099吨/年	2197吨/年	1120吨/年	600吨/年	1183吨/年

注：200头牛可消耗53.3公顷土地种植的玉米秸秆。生物质秸秆平均燃烧热值16743千焦。

村庄沼气站安装陶瓷太阳能板150平方米（数据来源于实际调研），为沼气发酵罐增温，保证沼气发酵罐冬季正常运行（表7.19）。增加农作物秸秆1183吨。

表7.19 大沼气池发酵分析

牛粪便	人粪便	秸秆	沼气产生量	沼肥产生量
2190吨/年	87.6吨/年	976.1吨/年	47.44万立方米/年	3253.7吨/年

注：牛每天产生粪便30千克/头，人每天产生粪便0.2千克/人；粪便与秸秆按7：3比例发酵时，每100千克秸秆与233千克粪便可产生48.6立方米沼气。厌氧发酵沼肥产生量与发酵物比例为1：1（数据来源于实地调研）。

5）平衡分析

西单村改造后代谢平衡分析见图7.52、图7.53、表7.20。

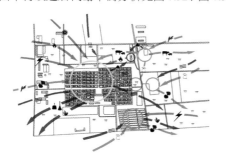 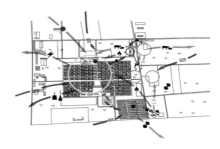

图7.52 西单村代谢现状   图7.53 改造后西单村代谢

表7.20　改造后村庄物质代谢平衡比分析

蔬菜需求量/村	蔬菜总产量/村	平衡比	用电需求量	总供电量	平衡比
324吨/年	1387吨/年	4.28	104.3	286.1	2.74
粮食需求量/村	粮食总产量/村	平衡比	生活污水量	处理率	平衡比
109.6吨/年	1805吨/年	16.4	1.1万立方米/年	100%	1
沼气需求量	沼气发酵量	平衡比	沼肥需求量	沼肥发酵量	平衡比
14.45万立方米/年	85.37万立方米/年	5.9	5200吨	5160吨	≈1

注：户日均炊事用气1.2立方米，人均粮食需求量0.25千克/天，作物沼肥需求量4.5千克/平方米。

从理论上来说，村域范围内的土地有条件满足村庄各类食物所需，如蛋、奶、鱼虾、豆制品等。但由于现实发展状况，食物完全区域内生产具有一定的不现实性。因此，文中对于农业生产内容并没有进行多样化的改造。

6）人居环境分析

经过改造后，整个乡村住区生活污水得到完善处理，达到了水资源节约的目的。同时由于太阳能及沼气池的充分利用，农业与生活有机垃圾也得到了处理，改善了"三大堆"等垃圾问题的同时，促进了基础设施的一体化，使得整个村庄内养分、能源基本达到了闭合循环。冬季通过燃烧生物质能进行集中供暖，极大地提高了冬季人居环境。通过空间重组，促进了庭院种植的发展，扩大了种植面积，营造了生产性景观，促进了社会单元一体化与空间一体化的发展。经过改造，村庄趋向于形成生产、生活、生态一体化的绿色乡村住区模式，改善了自身人居环境的同时，也降低了对环境的压力及对外界资源的依赖（图7.54、图7.55）。

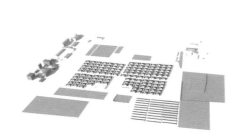

图7.54　改造后村庄透视

图7.55　改造后总平面

8 庭院建筑尺度的绿色人居单元设计研究

8.1 低层生态庭院

8.1.1 方案概述

公式一：种植有效面积 = 种植投影面积 × 因子。

因为新型生态庭院采用了立体种植方式，因此种植面积应该采用种植有效面积，公式中的因子取决于采用的立体种植方式，该因子即为相同投影面积下，立体种植方式与传统种植方式的实际种植面积比。例如本方案中，地面温室种植的投影面积是 50 平方米，采用立体种植方式使得 1 平方米的投影空间可以种植 5 平方米的农作物，因此因子为 5，地面温室的实际种植有效面积为 250 平方米（表 8.1）。

表 8.1　低层生态庭院 V2.0 经济技术指标

技术指标		数据
宅基地面积（平方米）		200
住宅占地面积（平方米）		124
住宅建筑面积（平方米）		233.4
猪、鸡养殖占地面积（平方米）		14
养鱼面积（平方米）		4
地面温室种植占地面积（平方米）		50
地面温室占地面积（平方米）		76
地面温室种植有效面积（平方米）		250
屋顶温室面积（平方米）		63.8
屋顶温室有效面积（平方米）		279.4
总温室种植有效面积（平方米）		529.4
其他种植面积（平方米）	西侧	16.6
	东侧	12.1
	南侧	16.3
	北侧	3.6
	室内	8.6
	合计	57.2
总种植面积（平方米）		586.6
沼气池规格（立方米）		8
家庭人口（口）		4
养鱼条数（条）		8
养猪数量（只）		27（一年 3 栏）
养鸡数量（只）		80（一年 4 栏）

注：下文代谢平衡计算按照每天有猪 9 只，有鸡 20 只计算。

8.1.2 外观形态

低层生态庭院外观形态如图 8.1 所示。

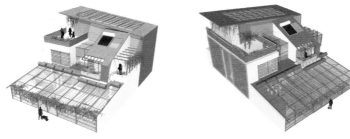

图8.1　低层生态庭院 V2.0

8.1.3 生活情境

方案延续了传统生态庭院中生活、生产兼具的生活模式，并将生产空间融入室内，使农业生产空间的休闲、娱乐功能更加突显（图8.2～图8.6）。虽然与传统生态庭院具象模型一样占地面积都是 200 平方米，但是由于温室代替了传统的种养空间，因此新型生态庭院拥有更多有效种植面积，居住面积也得到扩展。

图8.2　低层生态庭院 V2.0 布局示意

 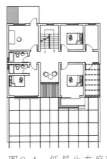 

图8.3　低层生态庭院
V2.0 首层平面

图8.4　低层生态庭院
V2.0 二层平面

图8.5　低层生态庭院
V2.0 三层平面

图8.6 低层生态庭院 V2.0 局部空间

8.1.4 生态策略

生态庭院的物质循环如图 8.7 所示。

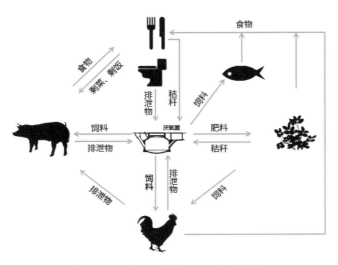

图8.7 低层生态庭院 V2.0 物质循环

1）沼气 – 温室技术代谢平衡验算

通过比较，我们发现软体沼气池产气率高，价格合理，且可以埋置于地下，因此作为本方案的首选（表 8.2）。户用沼气池容积按 1.5 ~ 2 立方米 / 人计算，即一般 4 口之家为 6 ~ 8 立方米，本方案取 8 立方米，软体沼气池实际可储藏气体体积为 10 立方米以上（图 8.8）。

表 8.2　小型沼气罐类型

类型	材质	每立方米容积沼气池产气率 /（立方米 / 天）	价格 /（元 / 立方米）	使用寿命 / 年	优点	缺点
水压式沼气池	水泥砖	0.15	100	5~8	造价较低，使用普遍	施工复杂，产气慢、报废率高、面临淘汰
	玻璃钢	0.3	400	30	强度高，使用普遍、耐腐蚀、耐老化	气压反复变化，出料困难
分离浮罩式沼气池	塑料	0.4 ~ 0.6	150	30	沼气压力较低而且稳定，产气率高，保温性好、耐腐蚀、耐老化	占地面积大
软体沼气池	塑料	0.4 ~ 0.6	80	30	沼气压力较低而且稳定，产气率高，保温性好、耐腐蚀、耐老化	强度一般

图 8.8　软体沼气池

农村家庭经济能力有限，方案需要使用沼液配置无土栽培的营养液，且由于宅基地面积较小，需要将沼气池置于地下以节省空间。因此，尽管干发酵技术更为先进，却不能满足上述需求，而传统湿发酵技术较干发酵技术虽然产气率低，但可以满足家庭使用需求，所以本方案采用湿发酵技术（表 8.3）。

表 8.3　发酵工艺比较

类型	原料	产物	安放位置	优点	缺点
干发酵	预处理干物质	沼气、沼渣	地上	技术先进，产气率高	无沼液产出，国内技术不成熟，成本高，出料困难，不适合户用沼气池采用
湿发酵	湿物质	沼气、沼渣、沼液	地下	使用广泛	耗水量大，运输困难

针对农村单户使用，半连续发酵工艺优势显著（表 8.4）。

表 8.4　投料方式比较

类型	优点	缺点
连续发酵工艺	造价低	造价昂贵
半连续发酵工艺	稳定性好	使用普遍
批量发酵工艺	简单易操作	稳定性差

　　沼气池采用半连续发酵工艺，8 立方米的沼气池一般应一次性投入 800 千克秸秆和 1600 千克排泄物，此后平均每日需另投入新鲜粪便不少于 20 千克，因此本方案除满足上文中的公式一外还应满足以下公式。

　　公式二：秸秆投入量∶排泄物投入量 = 1∶2（一次性大投入的投入量，见图 8.9）。

　　公式三：秸秆年产量≥沼气池所需秸秆量（表 8.5）。

　　公式四：排泄物年产量≥沼气池所需排泄物量。

　　公式五：每日排泄物量≥ 20 千克。

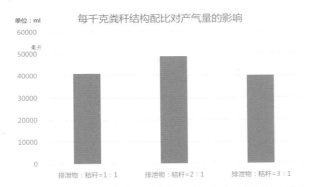

图 8.9　全年日均每千克粪秆混合物地结构配比对产气量的影响

表 8.5　农作物秸秆产量

种类	棉花	玉米	小麦	谷子	稻谷	蔬菜	烟草
产量（千克/平方米）	0.10	0.56	0.56	0.20	0.75	3.70	0.23
草谷比	3	2	1	1	1	0.3	0.5
秸秆量（千克/平方米）	0.30	1.12	0.56	0.20	0.75	1.11	0.12
种类	油料	高粱	豆类	薯类	甘蔗	瓜果	
产量（千克/平方米）	0.31	0.14	0.18	0.52	5.33	4.11	
草谷比	2	1	1.5	1	0.1	0.3	
秸秆量（千克/平方米）	0.62	0.14	0.27	0.52	0.53	1.23	

秸秆年产量：庭院采用沼气 - 温室系统，施用沼渣、沼液后，增产 20%～30%，取中间值增产率 25%，以蔬菜为例，秸秆产量去 1.11 千克 / 平方米。

1.11 千克 / 平方米 ×（1+25%）×586.6 平方米 ≈ 813.9 千克 > 800 千克

庭院自身秸秆产量能满足生产沼气秸秆需求量，满足公式三。

根据表 8.6 计算每日排泄物量：0.5 千克 / 天 ×4+0.1 千克 / 天 ×20 +2.5 千克 / 天 ×9=26.5 千克 / 天 > 20 千克 / 天。

排泄物年产量：182.5 千克 / 年 ×4+36.5 千克 / 年 ×20+912.5 千克 / 年 ×9=9672.5 千克 / 年，大于 1600 千克 / 年 +20 千克 / 天 ×365 天 / 年 =8900 千克 / 年。

表 8.6　人、鸡、猪排泄量

项目	人	鸡	猪
日排泄量（干物质量）（千克 / 天）	0.5	0.1	2.5
年排泄量（干物质量）（千克 / 年）	182.5	36.5	912.5

庭院中人、家禽家畜的排泄物可以满足沼气生产需求，满足公式四、公式五。

秸秆投入量：排泄物投入量为：813.9 千克：1600 千克 ≈ 1：2，符合公式三。

取每立方米容积软体沼气池每立方米粪杆混合物日产气率 0.6 立方米。

沼气年产气量：0.6 立方米 /（立方米·天）×8 立方米 ×365 天 =1752.0 立方米。

方案中采暖使用沼气壁炉（见下文制冷供热技术验算），年壁挂炉用气量 1152 立方米、户每年厨房用气量 384 立方米，则总用气量 1536 立方米 < 年产气量 1752 立方米，即沼气产量可满足家庭做饭、烧水、取暖生活用气。

8 立方米沼气池每年可生产沼渣 6000 千克，沼液 4000 千克（图 8.10）。

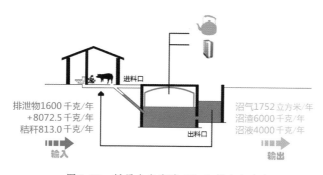

图 8.10　低层生态庭院 V2.0 投入与产出

温室种植取沼渣消耗量 2500 千克 / 亩，非温室种植取沼渣消耗量 2000 千克 / 亩，沼液消耗量 1750 千克 / 亩；9 只猪中 6 只按照方案一，3 只按照方案二；养鱼沼渣消耗量取中间值 900 千克 / 亩（表 8.7）。

表8.7　养鱼、非温室种植沼渣、沼液消耗量

种类	养鱼	非温室玉米	非温室水稻	非温室果树	非温室西瓜	非温室蔬菜
沼渣消耗量（千克/亩）	800～1000	2000	2600～3600	1000～2000	2500	2000
沼液消耗量（千克/亩）	0	500	2400	0	1000	500～3000

沼渣消耗量：3千克/平方米×57.2平方米+817.6千克/只×6只+12.6千克/只×20只 +1.35千克/平方米×4平方米≈5334.6千克＜6000千克。

沼液消耗量：3.75千克/平方米×529.4平方米+2.6千克/平方米×57.2平方米+620.5千 克/只×3只≈3995.5千克＜4000千克（表8.8）。

表8.8　养殖年沼渣、沼液消耗量

种类	猪/方案一	猪/方案二	鸡
沼渣消耗量（千克/只）	817.6	0	12.6
沼液消耗量（千克/只）	0	620.5	0

温室种植取沼液消耗量3.75千克/平方米，不消耗沼渣。

综上所述，沼气系统能够高效率运行，投入、产出可实现平衡，且无过多资源浪费。

2）制冷供热技术验算

制冷供热技术共有以下几种，见表8.9。根据本表的对比可知，方式一（沼气炉毛细管辐射 9采暖+冷气冷水机组）能有效利用沼气，运行费用较低，节电，有害气体排放量少。而近几年 节能建筑中经常采用的地源、空气源热泵毛细管辐射采暖制冷技术的前期投入较大，且在低层 住宅中没有显著优势，因此不选用。RVR空调环境负荷较大，不予选用。方式四的秸秆燃池和 井水空调技术虽然在新农村建设中被广泛宣传和推广，其在耗电量和成本两个方面也具有绝对 优势，但其对外排出大量燃烧的废弃物，安全性差，制冷和采暖效果也有限，因此并不适合在 居住品质较高的住宅内使用。因此，本方案选用方式一。

表8.9　低层生态庭院V2.0制冷供热技术选择

方式	年耗电量/千瓦时	年耗气量/立方米	年耗秸秆量/千克	初次投入费用/万元	年运行费用/元	年排放量（不含二氧化碳）/千克	优点	缺点
方式一：沼气炉毛细管辐射采暖+冷风冷水机组	3682	1152	0	2.4	2209	52.9	洁净环保，充分利用沼气资源	取暖制冷两套系统

续表 8.9

方式	年耗电量/千瓦时	年耗气量/立方米	年耗秸秆量/千克	初次投入费用/万元	年运行费用/元	年排放量（不含二氧化碳）/千克	优点	缺点
方式二：地源、空气源热泵毛细管辐射采暖制冷	5304	0	0	2	3429	69.1	节能环保	与传统空调相比，在低层住宅中无突出优势
方式三：RVR空调	5719	0	0	2	3429	74.5	安装简便，技术成熟	对环境造成负担较大，耗电高
方式四：秸秆燃池 + 井水空调	504	0	8640	1	616	3456	充分利用秸秆资源，价格低廉	秸秆燃池技术不成熟，密封性、安全性差，建筑结构受热遭破坏；井水空调只能使温度变化3~4℃，效果有限，噪声大，挖井施工复杂，对地下水温产生影响

毛细管网铺设较普通地暖铺设更均匀，温差更小，且能节能约30%（表8.10、图8.11、图8.12）。

表 8.10　毛细管网采暖与普通地暖对比

项目	管道间距/毫米	管道换热面积/（平方米/平方米）	可安装区域	表面装饰材质	回收温度/℃	安装厚度/毫米	价格/（元/平方米）
普通地暖	250	0.251	地板	不宜安装实木地板	45~55	120~140	19.38
毛细管网	40	0.337	地板、墙壁、吊顶	不受限制	30~35	< 5	13.11

图 8.11　毛细管网铺设

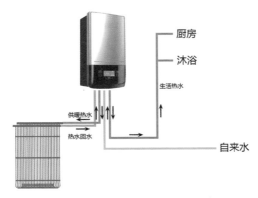

图8.12 沼气炉毛细管网循环示意

该方案还配有呼吸窗作为采暖制冷的辅助系统。冬季白天温室获得太阳辐射的热量，温度较高，呼吸窗开启，窗口处的叶片转动，将温室内的热空气带入室内，提升室内温度，且蓄热墙体可保存一定热量；夜间温室内温度降低，关闭呼吸窗，蓄热墙向室内释放热量（图8.13）。夏季白天在保证植物光合作用的前提下为温室遮阳，温室获得热量减少，加上植物的作用，温室内温度较低；夜间打开呼吸窗，冷空气被传送到室内（图8.14）。单独使用呼吸窗系统可以使室温在冬季提升5~8℃，夏季降低3~5℃。

图8.13 呼吸窗系统冬季工作原理

图8.14 呼吸窗系统夏季工作原理

3）雨水收集技术验算

本方案采用的是户用沼气发生系统，洗衣粉、肥皂水、油脂会对该系统内甲烷菌产生抑制作用，因此不能将厨房用水，洗澡、洗漱用水，洗衣、洗车用水排入沼气池，也不能将洗漱用水，洗衣、洗车用水用于冲洗厕所。年人均各项生活用水量如图8.15所示。

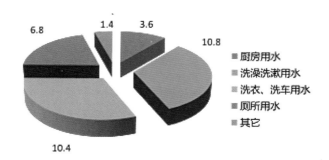

图 8.15　年人均各项生活用水量

生活、生产单位年用水量见表 8.11。

表 8.11　低层生态庭院 V2.0 生活、生产单位年用水量

项目	人生活 /（立方米 / 人）	养猪 /（立方米 / 只）	养鸡 /（立方米 / 只）	传统灌溉 /（立方米 / 平方米）	非温室滴灌 /（立方米 / 平方米）	无土栽培 /（立方米 / 平方米）	鱼菜共生 / 立方米
年用水量	33	11	0.2	0.225	0.03825	0.0225	4

生活用水量：

33 立方米 / 人 ×4 人 =132 立方米。

农业用水量：

11 立方米 / 只 ×9 只 + 0.2 立方米 / 只 ×20 只 +0.03825 立方米 / 平方米 ×57.2 平方米 +0.0225 立方米 / 平方米 ×529.4 平方米 + 4 立方米 ≈ 121.0 立方米 。

雨水收集径流系数见表 8.12。

表 8.12　雨水收集径流系数

屋顶、地面种类	径流系数
屋面	0.90~1.00
混凝土和沥青路面	0.90
块石路面	0.60
级配碎石路面	0.45
干砖及碎石路面	0.40
非铺砌路面	0.30
公园绿地	0.15

雨水收集量（立方米 / 年）= 集雨面积（平方米）× 降雨量（米 / 年）× 径流系数。

以济南年降雨量 0.685 米 / 年为例，年雨水收集量为：

200平方米 ×0.685米/年 ×0.9 ≈ 123.3立方米/年。

低层生态庭院生活、生产用水及雨水收集量如图8.16所示。

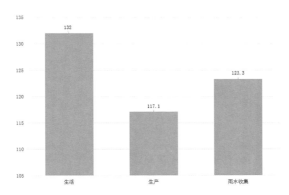

图8.16 低层生态庭院V2.0各项水量（立方米/年）

收集的雨水与农业生产用水量基本持平，农业用水可全部使用收集的雨水，剩余雨水可用来冲厕所（图8.17）。

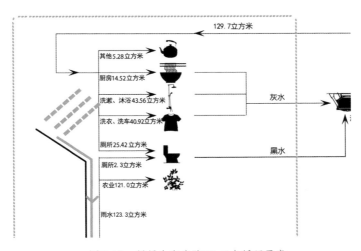

图8.17 低层生态庭院V2.0水循环示意

4）太阳能的利用

太阳能的利用在本方案中表现在两个方面：首先，沐浴用水来自于太阳能热水器，太阳辐射经平板集热管吸收后转换为热能，后利用虹吸原理，热能到达水箱内与水换热，将凉水加热（图8.18）；其次，温室起到了阳光房的作用。

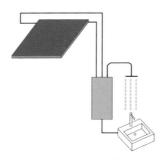

图8.18　太阳能工作原理示意

5）现代农业技术

由种植农作物的种植槽构成遮阳板（图8.19），夏季可在槽内种植小型农作物。

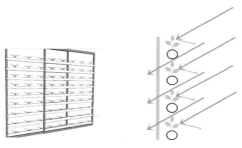

图8.19　南窗种植式推拉遮阳

鱼菜共生系统借鉴中国传统农业方式，将水产养殖与水耕栽培结合在一起，沼渣为鱼提供肥料，剩余沼渣和鱼的排泄物伴随水体被输送到水培装置中，成为农作物营养成分（图8.20～图8.22）。采用该系统可以达到养鱼不用换水，种菜不用施肥的生态共生效果。

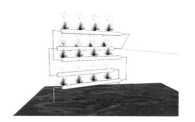

图8.20　鱼菜共生系统

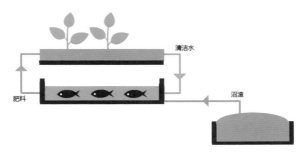

图8.21   鱼菜共生系统原理示意

图8.22   水培

考虑到农户的资金和技术水平有限，本方案中的温室栽培采用了水培和固体基质栽培两种无土栽培方式（图8.23～图8.25、表8.13）。

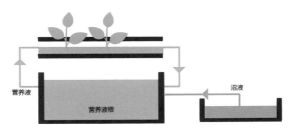

图8.23   水培示意

图8.24   固体基质栽培

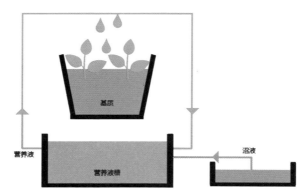

图8.25　固体基质栽培示意

表8.13　无土栽培方式对比

培植方式	方式说明	优点	缺点
水培	植物根系直接与营养液接触	自动化程度较高	成本较高，系统能耗较大
雾培	将营养液压缩成气雾状直接喷到作物的根系上，根系悬挂于容器的空间内	设备先进，自动化程度高	费用高，耗电多且不能停电，目前只限于科学研究应用，未投入大面积生产
基质栽培	将作物的根系固定在有机或无机物的基质中，通过滴灌为农作物提供营养液	使用广泛，技术成熟，成本低，可以避免病害随营养液传播	需要大量基质材料，且要对基质进行处理、消毒、更换等作业

在墙体外安置骨架，爬藤植物可沿骨架生长（图8.26）。该墙体种植方式造价较低，能够避免植物对墙体结构造成损坏，农作物种植在西侧还可以为墙体遮阳，降低夏季制冷能耗。

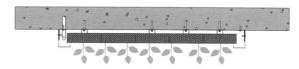

图8.26　西侧墙体种植

利用阳台进行农业种植，既方便对农作物的照料，又美化了建筑立面（图8.27）。

图8.27　阳台种植

楼梯间种植增加了室内空间的趣味性（图8.28）。

图8.28　楼梯间种植

做饭的同时可顺手采摘新鲜蔬菜（图8.29）。

图8.29　厨房空间的利用

在猪圈上方安置鸡舍，鸡的排泄物可部分落入猪圈中成为猪饲料（图8.30、图8.31）。

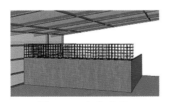

图8.30　立体养殖

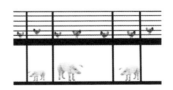

图8.31　鸡、猪立体养殖示意

6）节能环保材料

农业生产每年有大量的秸秆产生，方案中采用了以秸秆为原料的空心环保砖。秸秆砖具有保温性能好、自重轻的特点，十分适合作为建筑材料使用（图8.32）。

在传统农田生产中，农民习惯在冬季用秸秆编织成卷帘为大棚保温（图8.33）。方案中根据这一传统做法，对其进行改造，减小了卷帘的厚度，加大了网眼的尺寸，将原本用于冬季保温的秸秆卷帘作为夏季遮阳的设施。

图8.32 秸秆砖

图8.33 秸秆卷帘

低层生态庭院 V2.0 的技术分布如图 8.34 所示。

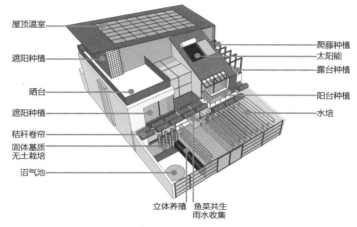

图8.34 低层生态庭院2.0技术分布

8.1.5 经济效率验算

本方案农户的收入大于农民在外打工的收入（表8.14），新型低层生态庭院具有良好的经济效益。

表 8.14 低层生态庭院 V2.0 经济收入

经济收入来源	数量	经济收入来源	数量
蔬菜年产量（千克）	2674.3	鸡年产量（只）	80
家庭年蔬菜需求量（千克）	1080	家庭年鸡需求量（只）	15
年销售蔬菜量（千克）	1594.3	年销售鸡数量（只）	65
蔬菜价格（元/千克）	15	鸡价格（元/只）	20
蔬菜收入（元）	23914.5	年鸡蛋产量（千克）	259.2
年养猪数量（只）	27	家庭鸡蛋需求量（千克）	68
家庭年猪需求量（只）	1	年鸡蛋销售量（千克）	191.2
年销售猪数量（只）	26	鸡蛋价格（元/千克）	8
猪价格（元/只）	1500	卖鸡和鸡蛋收入（元）	2829.6
卖猪收入（元）	39000	总收入（元）	65744.1

注：本节中农作物能否满足居民需求的计算以蔬菜为例，只涉及数量计算，不包含农作物品种是否满足居民需求的统计。

8.1.6　方案评价

该方案无须外界提供燃料和食品，并且可对外出售农产品。庭院需要外界供给电能和洁净水，并排出不能处理的无机垃圾（图8.35）。

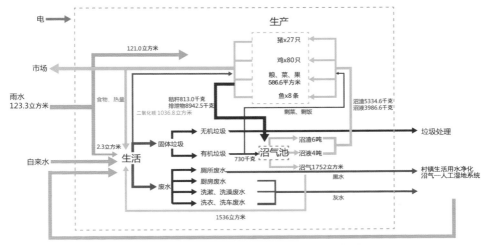

图8.35　低层生态庭院V2.0资源代谢平衡

相较于传统生态庭院，在宅基地面积相同的条件下，该低层方案降低了燃料和水的消耗，而人均居住面积和农业生产面积都有显著的增加。一座新型低层生态庭院提供的实际农业生产面积相当于相同占地面积下传统耕地的2.9倍（图8.36）。方案达到了节能、节地、增产的效果，实现了农村庭院生活、生产、生态的可持续发展（图8.37）。

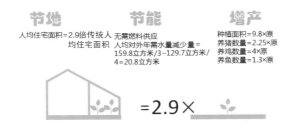

图8.36　低层生态庭院V2.0与传统生态院的比较

图8.37　低层生态庭院V2.0推广畅想

8.2 生态庭院V2.0多层变体

8.2.1 种养结合模式方案概述

本方案提取了传统农村聚落的肌理,将其分解成几个不同高度的部分,各部分之间直接或间接联系,这样不仅对院落进行了升级,还将农村的街巷、公共空间、农田也进行了升级,使得多层住宅成为一个立体的村落(图8.38、图8.39)。

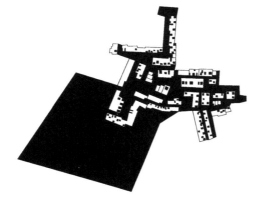 

图8.38 传统农村肌理   图8.39 生态庭院2.0多层、高层变体肌理

生态庭院 V2.0 多层变体经济技术指标如表 8.15 所示。

表 8.15 生态庭院 V2.0 多层变体经济技术指标

经济技术指标	数据
占地面积(平方米)	2502.6
居住面积(平方米)	4597.40
人均居住面积(平方米)	35.1
猪、鸡养殖面积(平方米)	709.6
养鱼面积(平方米)	133.4
温室种植有效面积(平方米)	4083.7
屋顶、阳台非温室种植面积(平方米)	803.4
总种植有效面积(平方米)	4887.1
农业生产面积(平方米)	5729.8
沼气池规格(立方米)	300
户数(户)	40
居住人数(人)	131
养猪数量(只)	1419(一年3栏)
养鸡数量(只)	10404(一年4栏)

注:本节资源代谢平衡中按照每天有猪473只,有鸡2601只计算。

8.2.2 种养结合模式外在形态

种养结合模式的生态庭院将空间与生态循环紧密结合，合理安排生活、生产空间，并将太阳能、沼气池等生态化设施集成进庭院空间，从立体布局层面增加生产用地面积，达到空间最大化利用（图8.40~图8.42）。

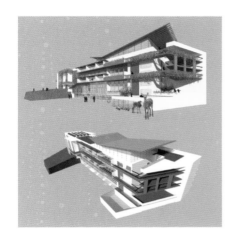

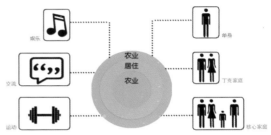

图8.40　生态庭院V2.0多层变体效果图　　　　图8.41　生庭院V2.0多层变体空间示意

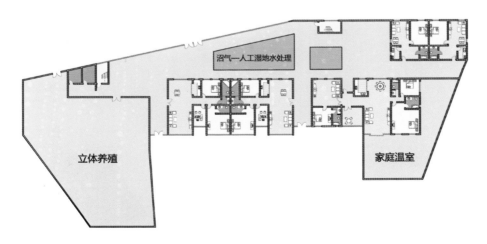

图8.42　生态庭院V2.0多层变体首层平面

由于家禽、家畜养殖易引起病菌的传播，因此将该功能单独设置在首层西侧（图8.43）。

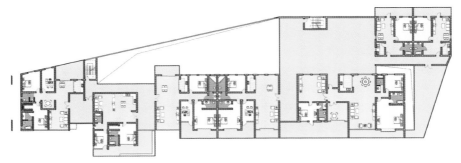

图8.43　生态庭院V2.0多层变体标准层平面

传统村落的院落和街巷空间得到了延续，每家都有自己的空中庭院，各户之间的连廊局部打开，成为居民交流的节点，中庭和每一层东北侧的公共空间为居民的集体活动提供了场地（图8.44~图8.49）。

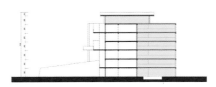

图8.44　生态庭院V2.0多层变体剖面

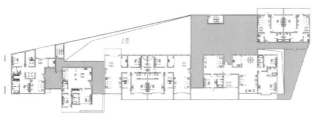

图8.45　生态庭院V2.0多层变体中的"街巷"空间

图8.46　传统生态庭院中的"街巷"空间

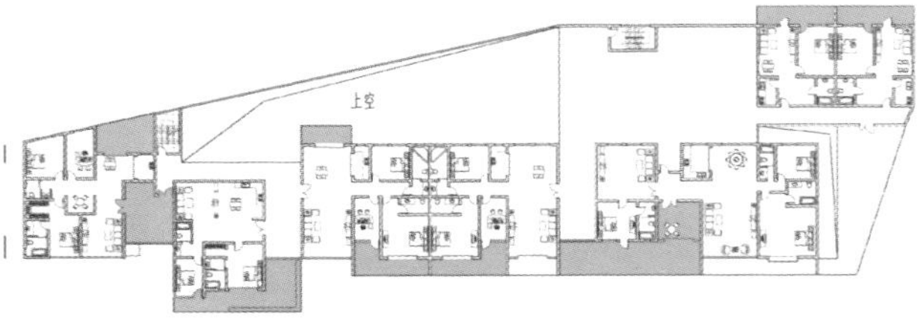

图8.47　生态庭院V2.0多层变体中的"院落"空间 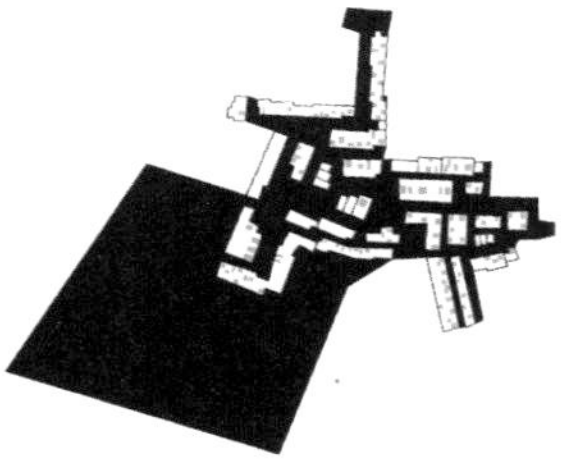　　图8.48　传统生态庭院中的"院落"空间

图8.49 生态庭院V2.0多层变体局部空间

建筑内的农业空间不仅具有生产农作物的功能，同时还是居民健身、交流、娱乐的场所。建筑分别针对单身人士、丁克家庭和核心家庭家庭进行户型设计，可以满足不同农民家庭的居住需求。一般农村家庭人口较多，家族观念浓厚，户型设计中特别设置了较为宽敞的客厅和餐厅，有助于家庭成员间的交流和传统农村家庭观念的延续。

户型 A 使用面积为 137.2 平方米，格局为两厅、两卫、三卧，针对丁克家庭和核心家庭家庭设计。入户前的花园形成绿色景观，使得多层住宅具有传统农村庭院的生活形态。开敞空间可供业主在此耕作、健身、就餐、存放农具和农作物等，入户花园起到了舒缓情绪和储藏的作用。起居室和餐厅联系，整个空间开敞、明亮。餐厅通向种植阳台，春夏时节可以打开推拉门，使室内外空间融为一体，营造良好的用餐环境。户型动、静分区明确，在西侧的卧室区域还设置了私密的交流场所，方便人们单独会客（图 8.50）。

户型 B 使用面积为 91.5 平方米，格局为两厅、两卫、两卧，主要针对单身群体和丁克家庭设计。虽然该户型面积较小，但起居室、餐厅的厨房联系在一起的布局，使得整个空间视野连贯，更显开阔。阳台也运用了同样的设计手法，次卧、主卧的阳台和种植阳台"三合一"，成为家庭活力的重要所在地（图 8.51）。

图8.50　生态庭院V2.0多层变体户型A

图8.51　生态庭院V2.0多层变体户型B

户型C使用面积为122.3平方米，格局为两厅、两卫、三卧，是主要针对丁克家庭设计的户型。该户型相较于户型A更加紧凑，起居室、餐厅、北侧阳台采用了与户型A相同的设计手法（图8.52）。

图8.52　生态庭院V2.0多层变体户型C

户型 D 使用面积为 187.8 平方米，格局为三厅、三卫、三卧，是针对两代共同居住的家庭设计的户型。居住空间进行分隔，老人的起居空间带有独立的卫生间，方便老人生活。主要起居室与餐厅共用，餐厅空间较大，可以满足农村大家庭的用餐需求。使用者可以在入户花园举行家庭聚会，家庭内部的公共空间成为几代人交流的良好场所。该户型具有灵活性和适应性，业主可以根据不同时期家庭人口结构的变化，选择在门厅两侧安装门来改变房间的格局（图 8.53）。

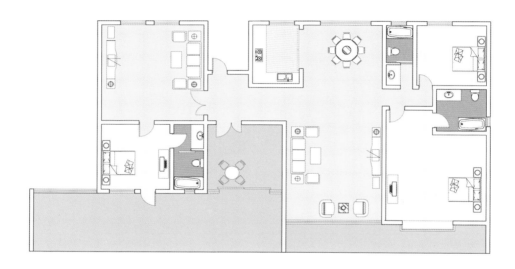

图 8.53　生态庭院 V2.0 多层变体户型 D

户型 E 使用面积为 60.3 平方米，该户型虽然面积小，但设施齐全，可以满足一个人的基本居住需求（图 8.54）。

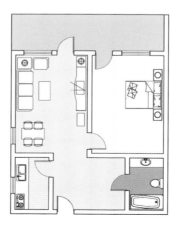

图 8.54　生态庭院 V2.0 多层变体户型 E

8.2.3 种养结合模式生态策略

1）沼气—温室技术代谢平衡验算

本方案共有两套沼气系统：一套是以产生沼气、沼渣和沼液为目的的沼气生产系统，原料为秸秆，人、家禽、家畜排泄物和不含肥皂、油脂等物质的水。另一套是以净化水为目的的沼气—人工湿地水处理系统，也称之为"生命机器"，其原料为生活和农业生产中产生的灰水、黑水。两者的沼气池均位于地下，后者的人工湿地可作为低层景观（图8.55、图8.56）。

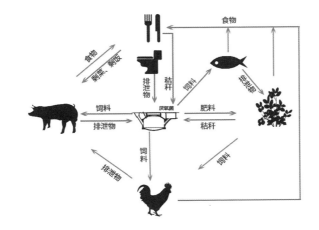

图8.55 种养结合模式物质循环示意

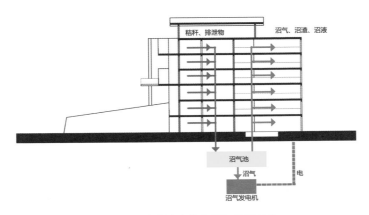

图8.56 种养结合模式沼气循环示意

本方案沼气生产原料为秸秆和人、猪的排泄物，因此上流式厌氧污泥床（UASB）工艺不适宜采用。300立方米的容积对应的工艺为塞流池（HCF）和升流式固体厌氧反应器（USR）。相较于 USR 工艺，HCF 具有能耗低、产量高、操作难度低、经济效益高的显著优势，因此选用 HCF 工艺（表 8.16）。

表 8.16　种养结合模式沼气工艺选择

类别	全混合厌氧反应器（CSTR）	UASB	HCF	USR
原料范围	所有畜禽原料	高 COD 污水、禽畜污水	所有禽畜原料	猪粪、鸡粪
原料总固体（TS）浓度	6%～12%	＜1%	8%～12%	3%～5%
水力停留时间	15～30 天	1～5 天	10～30 天	8～15 天
单位能耗	高	高	低	中等
单池容积	500～4000 立方米	200～5000 立方米	100～300 立方米	200～2000 立方米
操作难度	高	高	低	中等
产气率	1.0～15.0 立方米/立方米	不定	0.8～2.0 立方米/立方米	0.4～1.2 立方米/立方米
经济效益	较佳	较低或负效益	中等	偏低

秸秆年产量（见"8.1.4　生态策略"）：

1.11 千克/平方米 ×（1+25%）×4887.1 平方米 ≈6.7 吨。

当鸡的数量为猪的 4～7 倍时，鸡粪可全部成为猪的饲料（占猪饲料总量的 28%～48%）（图 8.57），本方案中鸡与猪的个数比为 2601 ∶ 473＝5.5 ∶ 1。

图 8.57　鸡猪数量关系

满足上述情况，因此 539.6 吨鸡粪不参与沼气反应。

人粪排泄量（见"8.1.4　生态策略"）：182.5 千克/年 ×131≈23.9 吨/年。

猪粪排泄量（见"8.1.4　生态策略"）：912.5 千克/年 ×473≈431.6 吨/年。

沼气产量（表 8.17）：23.9 吨/年 ×0.43 立方米/千克 +431.6 吨/年 ×0.42 立方米/千克 +6.7 吨/年 ×0.45 立方米/千克 ≈194.6×10³ 立方米。

表 8.17　沼气产量因子

沼气产量因子	人粪	猪粪	秸秆
数量（单位：立方米/千克）	0.43	0.42	0.45

本方案采用沼气炉毛细管辐射采暖＋冷风冷水机组采暖制冷系统，每户用沼气量为 1536 立方米/年，用电 3682 千瓦时/年（表 8.18），加上其他用电，取每户用电量 4500 千瓦时/年，农

业空间用电 500 千瓦时 / 年 / 亩，则总用电量为：

4500 千瓦时 / 年 ×40+ 500 千瓦时 / 年 /666.7 平方米 ×5729.8 平方米 ≈184.3×10³ 千瓦时 / 年。

1 立方米沼气可发电 2 千瓦时，则沼气发电需要沼气 92.1×10³ 立方米 / 年。

总用气量为：

1536 立方米 / 年 ×40+92.1×10³ 立方米 / 年 ≈153.6×10³ 立方米 / 年 < 194.6×10³ 立方米 / 年，满足公式一。

每年生产 194.6×10³ 立方米沼气的同时可获得沼渣 666.4 吨、沼液 444.3 吨 (图 8.58)。

表 8.18　种养结合模式制冷供热技术选择

方式	耗电量 / 千瓦时	耗气量 / 立方米	耗秸秆量 / 千克	初次投入费用 / 万元	年运行费用 / 元	排放量（不含二氧化碳）/ 千克	优点	缺点
沼气炉毛细管辐射采暖 + 冷风冷水机组	3682	1152	0	2.4	2209	52.9	洁净环保，充分利用沼气资源	取暖制冷两套系统
地源、空气源热泵毛细管辐射采暖制冷	5304	0	0	3	3182	69.1	节能环保	与传统空调相比，在低层住宅中无突出优势
RVR 空调	5716	0	0	2	3429	74.5	安装简便，技术成熟	对环境负担较大，耗电高
秸秆燃池 + 井水空调	504	0	8640	1	616	3456	充分利用秸秆资源，价格低廉	秸秆燃池技术不成熟，密封性、安全性差，建筑结构受热遭破坏；井水空调只能使温度变化 3 ~ 4℃，效果有限，噪声大，挖井施工复杂，对地下水温产生影响

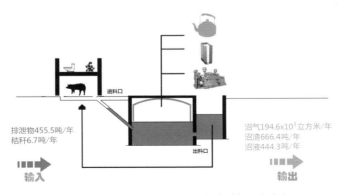

图 8.58　种养结合模式沼气池的投入与产出

沼渣消耗量（见"8.14 生态策略"）：

3 千克 / 平方米 ×803.4 平方米 +817.6 千克 / 只 ×473 只 +12.6 千克 / 只 ×2601 只 +1.35 千克 / 平方米 ×133.4 平方米 ≈422.1 吨 < 666.4 吨。满足公式二。

沼液消耗量（见"8.14 生态策略"）：

3.75 千克 / 平方米 ×4083.7 平方米 +2.6 千克 / 平方米 ×803.4 平方米 ≈17.4 吨 < 444.3 吨。满足公式三。

沼气系统能够实现循环，且有剩余沼气、沼渣、沼液可对外销售。

2）制冷供热技术验算

本方案每年可产生大量沼气用于沼气壁挂炉取暖，因此选取沼气炉毛细管辐射采暖 + 冷风冷水机组的方式，冬季采暖选用沼气壁挂炉毛细管辐射，夏季采用冷风冷水机组，首层局部采用呼吸窗作为辅助技术（图 8.59）。

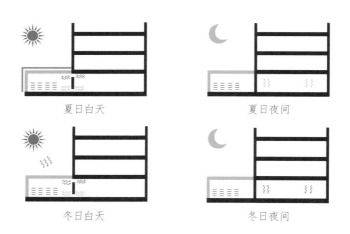

夏日白天　　　　　　　　夏日夜间

冬日白天　　　　　　　　冬日夜间

图 8.59　生态庭院 V2.0 多层变体呼吸窗系统

3）雨水收集技术验算

沼气—人工湿地水处理系统主要利用微生物对水体中的污染物进行降解。沼气池中的厌氧菌将有机物质分解成二氧化碳和甲烷等气体。人工湿地中的好氧微生物通过呼吸作用，将经沼气池处理过的废水中剩余的大部分有机物分解为水和二氧化碳。通过两者的协同作用，污水中的主要有机污染物基本被降解同化，其余物质转变为对环境无害的无机物（图 8.60、图 8.61）。

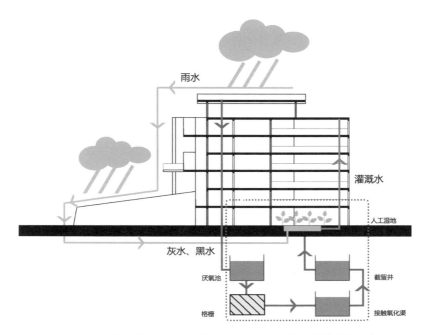

图8.60　生态庭院V2.0多层变体沼气—人工湿地水处理系统示意

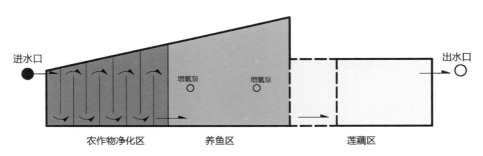

图8.61　生态庭院V2.0多层变体人工湿地示意

人工湿地施工简便，造价低，规模不受限制，小到一家一块，大到一片区域一块，皆可配置。在人工湿地中种植农作物和养鱼，可以达到美化环境、增加空间活力的效果，特别适用于广大农村地区，其用水量见表8.19。

表8.19　种养结合模式生活、生产单位年用水量

项目	人生活／（立方米／人）	养猪／（立方米／只）	养鸡／（立方米／只）	传统灌溉／（立方米／平方米）	非温室滴灌／（立方米／平方米）	温室灌溉／（立方米／平方米）	鱼菜共生／立方米
年用水量	33	11	0.2	0.225	0.03825	0.0225	133.4

生活用水量：

33 立方米 / 人 ×131 人 ≈4.3×10³ 立方米。

农业用水量：

11 立方米 / 只 ×473 只 + 0.2 立方米 / 只 ×2601 只 +0.03825 立方米 / 平方米 ×803.4 平方米 +0.0225 立方米 / 平方米 ×4083.7 平方米 +133.4 立方米 ≈ 6.0×10³ 立方米。

年雨水收集量（"见 8.1.4　生态策略"）：

2502.6 平方米 ×0.685 米 ×0.9≈1.5×10³ 立方米。

收集的雨水全部用于农业生产（图 8.62），能解决 25.0% 的生产用水。

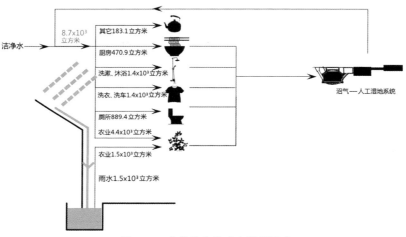

图 8.62　种养结合模式水循环示意

4）太阳能的利用

方案中沐浴用水来自屋顶的太阳能热水器（图 8.63）。

图 8.63　生态庭院 V2.0 多层变体太阳能热水系统

5）现代农业技术

除低层方案包含的屋顶温室、管式水培、固体基质栽培、遮阳式栽培（图8.64）、鱼菜共生系统、立体养殖、外墙种植、阳台种植、厨房种植等几项现代农业技术外，本方案还采用了种植箱（图8.65）、槽式水培种植（图8.66）和插管式栽培（图8.67）三种技术方式，此外管式水培的形式也多种多样，使得公共空间更为美观（图8.68、图8.69）。

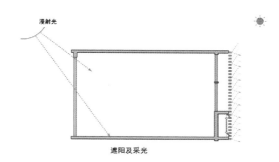

图8.64　生态庭院V2.0多层变体种植式遮阳采光分析

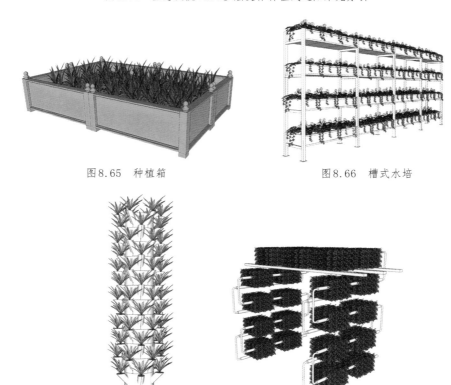

图8.65　种植箱　　　　　　　　图8.66　槽式水培

图8.67　插管式水培　　　　图8.68　管式水培一

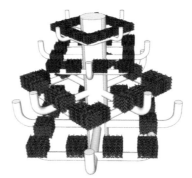

图8.69　管式水培二

种养结合模式技术总体布局如图8.70所示。

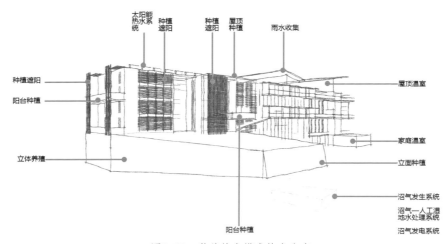

图8.70　种养结合模式技术分布

8.2.4　种养结合模式经济效率验算

该方案中蔬菜的年产量为22.5吨，居民年蔬菜需求量为43.2吨，因此农作物不能满足居民的日常使用需求，需要外界供给。

每户年收入6.4万元（表8.20、表8.21），高于农民工两人在外打工时的年收入4.9万元。

表8.20　种养结合模式农产品销售收入

收入来源	数据
年养猪数量（只）	1419
年猪需求量（只）	40
年销售猪数量（只）	1379
猪价格（元/只）	1500

续表 8.20

收入来源	数据
卖猪收入（万元）	206.9
鸡年产量（只）	10404
年鸡需求量（只）	600
年销售鸡数量（只）	9804
鸡价格（元/只）	20
年鸡蛋产量（吨）	33.7
年鸡蛋需求量（吨）	2.7
年鸡蛋销售量（吨）	31
鸡蛋价格（元/千克）	8
卖鸡和鸡蛋收入（万元）	44.4
农产品总收入（万元）	251.3
农产品户均年收入（万元）	6.28

注：本节中农作物对居民需求的满足计算以蔬菜为例，只涉及数量计算，不包含农作物品种对满足居民需求的统计。

表 8.21　种养结合模式沼气、沼渣、沼液销售收入

项目	数据
年沼气产量（立方米）	194.6×10^3
年沼气需求量（立方米）	153.6×10^3
年沼气出售量（立方米）	41.0×10^3
沼气价格（元/立方米）	0.8
沼气收入（万元）	3.28
年沼液产量（吨）	444.3
年沼液需求量（吨）	17.4
年沼液出售量（吨）	426.9
沼液价格（元/吨）	50
沼液收入（万元）	2.13
年沼渣产量（吨）	666.4
年沼渣需求量（吨）	422.1
年沼渣出售量（吨）	244.3
沼渣价格（元/吨）	50
沼渣收入（万元）	1.22
沼气及副产品总收入（万元）	6.63
沼气及副产品户均年收入（元）	1685

8.2.5　纯种植模式方案概述

纯种植模式是指整个系统需要外界提供的水和农作物，无需提供燃料和电，形成的自身生态闭合系统，纯种植模式的模块经济技术指标见表 8.22。

表 8.22　纯种植模式经济技术指标

经济技术指标	数据
占地面积（平方米）	2502.6
居住使用面积（平方米）	4597.40
人均居住使用面积（平方米）	35.1
温室种植有效面积（平方米）	7515.7
屋顶、阳台非温室种植面积（平方米）	803.4
总种植有效面积（平方米）	8319.1
沼气池规格（平方米）	100
户数（户）	40
居住人数（人）	131

8.2.6　纯种植模式生态策略

1）沼气—温室技术代谢平衡验算

本方案共有两套沼气系统：一套以秸秆和人的排泄物为原料的沼气发生系统，一套是沼气—人工湿地水处理系统。纯种植模式物质循环示意见图 8.71，沼气工艺比较见表 8.23。

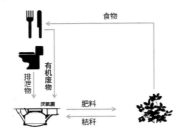

图 8.71　纯种植模式物质循环示意

表 8.23　纯种植模式沼气工艺选择

类别	CSTR	UASB	HCF	USR
原料范围	所有畜禽原料	高 COD 污水、禽畜污水	所有禽畜原料	猪粪、鸡粪
原料 TS 浓度	6%～12%	< 1%	8%～12%	3%～5%
水力停留时间	15～30 天	1～5 天	10～30 天	8～15 天
单位能耗	高	高	低	中等
单池容积	500～4000 立方米	200～5000 立方米	100～300 立方米	200～2000 立方米
操作难度	高	高	低	中等
每立方米容积沼气池产气量	1.0～15.0 立方米	不定	0.8～2.0 立方米	0.4～1.2 立方米
经济效益	较佳	较低或负效益	中等	偏低

本方案沼气产量较少，选择 100 立方米的 HCF 发酵工艺沼气罐即可满足需求。

秸秆年产量（见"8.1.4 生态策略"）：

1.11 千克 / 平方米 ×（1+25%）×8319.1 平方米 ≈11.5 吨。

人粪排泄量按表 8.24 计算：

182.5 千克 / 年 ×131 ≈ 23.9 吨 / 年。

表 8.24　人均排泄量

项目	数据
日排泄量（干物质量）（千克 / 天）	0.5
年排泄量（干物质量）（千克 / 年）	182.5

沼气因子按表 8.25 计算。

表 8.25　人粪、秸秆沼气产量因子

沼气产量因子	人粪	秸秆
数据单位 /（立方米 / 千克）	0.43	0.45

沼气产量：

23.9 吨 ×0.43 立方米 / 千克 +11.5 吨 ×0.45 立方米 / 千克 ≈ 15.5×10³ 立方米。

本方案中沼气用于烧水、做饭，每户年均沼气用量为 384 立方米。

总用气量为：

384 立方米 / 年 ×40 ≈ 15.4×10³ 立方米 / 年 < 15.5×10³ 立方米 / 年，满足公式一。

每年生产 15.5×10³ 立方米沼气的同时可获得沼渣 53.1 吨，沼液 35.4 吨（图 8.72）。

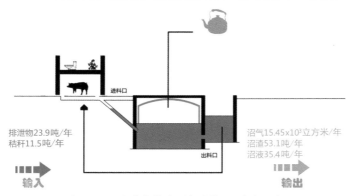

排泄物23.9吨/年
秸秆11.5吨/年

沼气15.45×10³立方米/年
沼渣53.1吨/年
沼液35.4吨/年

输入　　　　**输出**

图 8.72　纯种植模式沼气池投入、产出示意

非温室种植取沼渣消耗量 3 千克 / 平方米，沼液消耗量 2.6 千克 / 平方米（表 8.26、表 8.27）。

表 8.26　非温室种植沼渣、沼液消耗量

项目	非温室玉米	非温室水稻	非温室果树	非温室西瓜	非温室蔬菜
沼渣消耗量（千克 / 平方米）	3.0	3.9～5.4	1.5～3.0	3.75	3.0
沼液消耗量（千克 / 平方米）	0.75	3.6	0	1.5	0.75～4.5

表 8.27　温室种植沼液消耗量

项目	温室无土种植
沼渣消耗量（千克 / 平方米）	0
沼渣消耗量（千克 / 平方米）	3.75

沼渣消耗量：

3 千克 / 平方米 ×803.4 平方米 =2.4 吨 < 53.1 吨，满足公式二。

沼液消耗量：

3.75 千克 / 平方米 ×7515.7 平方米 +2.6 千克 / 平方米 ×803.4 平方米 ≈30.3 吨 < 35.4 吨，满足公式三。

沼气系统能够实现代谢平衡。

2）制冷供热技术验算

本模式虽然在理想状态下可以实现代谢平衡，但是现实中仍然需要进行其他制冷采暖方式补充，因此不能选用沼气炉毛细管辐射采暖和冷风、冷水机组配合的采暖制冷方案。在剩余三种方式中，虽然地缘、空气源热泵 + 毛细管辐射采暖的初期费用投入较大，但后期耗电较少，对环境造成的负担也较小；RVR 空调和秸秆燃池 + 井水空调系统都会对外界造成较大的负担，因此选用方式二（表 8.28、图 8.73、图 8.74）。

表 8.28　纯种植模式制冷供暖技术选择

方式	耗电量 / 千瓦时	耗气量 / 立方米	耗秸秆量 / 千克	初次投入费用 / 万元	年运行费用 / 元	排放量（不含二氧化碳）/ 千克	优点	缺点
方式一：沼气炉毛细管辐射采暖 + 冷风冷水机组	3682	1152	0	2.4	2209	52.9	洁净环保，充分利用沼气资源	取暖制冷两套系统
方式二：地源、空气源热泵 + 毛细管辐射采暖制冷	5304	0	0	3	3182	69.1	节能环保	与传统空调相比，在低层住宅中无突出优势
方式三：RVR 空调	5716	0	0	2	3429	74.5	安装简便，技术成熟	对环境造成负担较大，耗电高

续表 8.28

方式	耗电量 / 千瓦时	耗气量 / 立方米	耗秸秆 量 / 千克	初次投 入费用 / 万元	年运行 费用 / 元	排放量（不 含二氧化 碳）/ 千克	优点	缺点
方式四：秸秆 燃池 + 井水空 调	504	0	8640	1	616	3456	充分利用 秸秆资源， 价格低廉	秸秆燃池技术不成 熟，密封性、安全 性差，建筑结构受 热遭破坏；井水空 调只能使温度变化 3~4℃，效果有限， 噪声大，挖井施工 复杂，对地下水温 产生影响

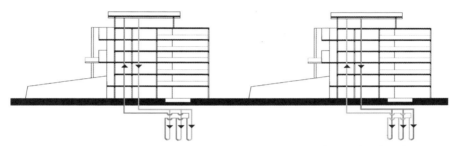

图 8.73 地源热泵冬季工作示意   图 8.74 地源热泵夏季工作示意

不同地区可按照当地的自然条件，选择适宜的地源、空气源、水源等热泵技术，虽然热源不同，但原理相同。以地源热泵为例，夏季室内的热量被热泵传送到土壤或水中，使室内温度降低，而地下获得的热量在冬季将得到利用。该技术 1 千瓦时的电力能输送 4~5 千瓦时的热量，因此能以较小的能耗获得舒适的物理环境。

3）雨水收集技术验算

生活用水量（表 8.29）：

33 立方米 / 人 ×131 人 ≈4.3×10³ 立方米。

农业用水量：

0.03825 立方米 / 平方米 ×803.4 平方米 +0.0225 立方米 / 平方米 ×7515.7 平方米 ≈199.8 立方米。

表 8.29 纯种植模式年生活、生产用水量

项目	人生活	传统灌溉	非温室滴灌	无土栽培
单位	立方米 / 人	立方米 / 平方米	立方米 / 平方米	立方米 / 平方米
年用水量	33	0.225	0.03825	0.0225

年雨水收集量（见"8.14 生态策略"）：

2502.6 平方米 ×0.685 米 / 年 ×0.9 ≈ 1.5 × 10³ 立方米。

收集的雨水能代替全部的农业生产用水（图 8.75）。

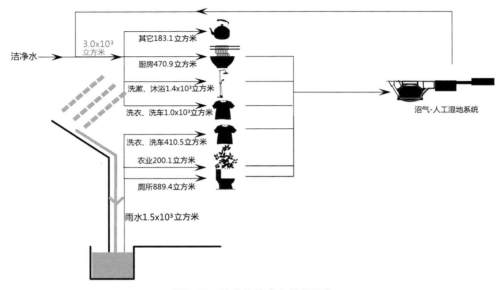

图8.75 纯种植模式水循环示意

8.2.7 纯种植模式经济效率验算

该方案中蔬菜的年产量为 38.5 吨，居民蔬菜需求量为 43.2 吨，因此农作物不能满足居民的日常使用需求，需要外界供给 4.7 吨。

剩余沼渣、沼液、沼气出售所获得的金额十分稀少，可忽略不计（表 8.30）。

表 8.30 纯种植模式沼气、沼渣、沼液销售收入

项目	数据
年沼气产量（立方米）	15.45 × 10³
年沼气需求量（立方米）	15.4 × 10³
年沼气出售量（立方米）	0.1 × 10³
沼气价格（元 / 立方米）	0.8
沼气收入（元）	80
年沼液产量（吨）	35.4
年沼液需求量（吨）	30.3
年沼液出售量（吨）	5.1

续表8.30

项目	数据
沼液价格（元／吨）	50
沼液收入（元）	255
年沼渣产量（吨）	53.1
年沼渣需求量（吨）	2.4
年沼渣出售量（吨）	50.7
沼渣价格（元／吨）	50
沼渣收入（元）	2535
沼气及副产品总收入（元）	2870
户均年收入（元）	71.8

8.2.8 方案评价

纯种植模式系统无须外界提供燃料和电，但需要外界供给农作物和洁净水，并对外排出不能处理的无机垃圾。

该方案最大的特点是没有养殖业，较种养结合模式更加卫生，但系统只能解决部分粮食及烧水、做饭的燃气供应，需外界提供全部的电能、热能及部分水资源。系统对外销售的沼气、沼渣、沼液收入较少，环境和经济效益不理想（图8.76～图8.79）。

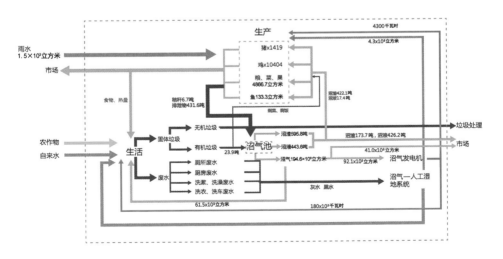

图8.76 种养结合模式资源代谢平衡

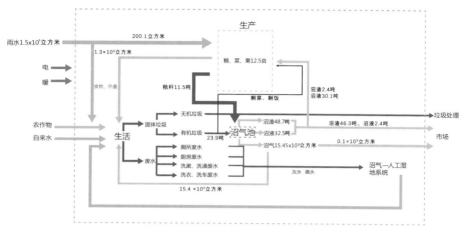

图8.77 纯种植模式资源代谢平衡

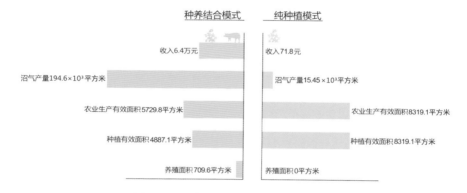

图8.78 种养结合模式与纯种植模式对比

图8.79 生态庭院V2.0多层变体推广畅想

8.3 生态庭院V2.0点式高层变体

8.3.1 方案概述

方案中通过农业种植空间将各户联系在一起,居住部分位于交通盒的四角,每一层去除其中的一角,替换为农业种植场所。户与户之间既独立,又相较于一般高层住宅有更多的交流空间(图8.80、图8.81、表8.31)。

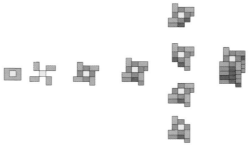

图8.80 生态庭院V2.0点式高层变体体块生成

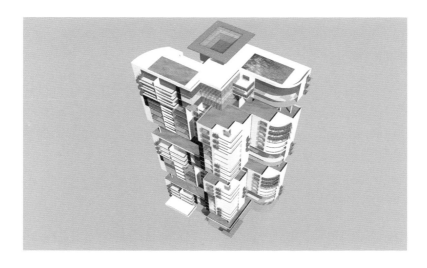

图8.81 生态庭院V2.0点式高层变体效果图

表 8.31 生态庭院 V2.0 点式高层变体经济技术指标

经济技术指标	数据
占地面积(平方米)	1150.2
居住面积(平方米)	9387.9

续表8.31

经济技术指标	数据
人均居住面积（平方米）	28.1
猪、鸡养殖面积（平方米）	1816.0
养鱼面积（平方米）	280.0
温室种植有效面积（平方米）	4178.6
屋顶、阳台非温室种植面积（平方米）	5383.8
总种植有效面积（平方米）	9562.4
农业生产面积（平方米）	11658.4
沼气池规格（立方米）	1200
户数（户）	102
居住人数（人）	334
养猪数量（只）	3600（一年3栏）
养鸡数量（只）	26400（一年4栏）

注：本节资源代谢平衡计算中按照每天有猪1200只，有鸡6600只计算。

8.3.2 空间情境

建筑首层为农产品展销中心，新型庭院生产的农产品可以在此对外销售，农户也可以在这里交换彼此所需的食品。二层为内部活动中心，是居民举行红、白喜事的场所，延续了传统的农村社交方式（图8.82、图8.83）。从首层到室内分别经过开敞、半开敞、半封闭、封闭的四种空间，建筑空间层次丰富（图8.84~图8.87）。

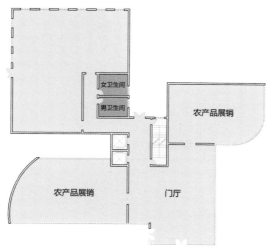

图8.82　生态庭院V2.0点式高层变体首层平面

图8.83 生态庭院V2.0点式高层变体二层平面

图8.84 生态庭院V2.0点式高层变体九层平面

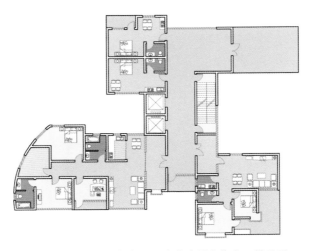

图8.85 生态庭院V2.0点式高层变体十三层平面

图8.86　生态庭院V2.0点式高层变体四层平面

图8.87　生态庭院V2.0点式高层变体六层平面

户型 A 使用面积为 39.6 平方米，主要为单身人士设计（图 8.88）。

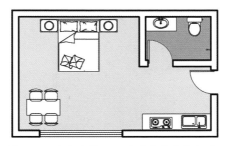

图 8.88 生态庭院 V2.0 点式高层变体户型 A

户型 B 使用面积为 132.7 平方米，户型为两厅、一卫、四卧，适合丁克家庭、核心家庭家庭居住。东北侧的卧室也可作为储藏室放置农具、食品和饲料。该户型拥有南北两个种植空间，南侧挑出且开敞，北侧内陷且较私密，两者形成了鲜明的对比。北侧种植空间使得居住者入门皆可看到绿色，创造了良好的入户体验（图 8.89）。

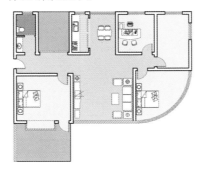

图 8.89 生态庭院 V2.0 点式高层变体户型 B

户型 C 使用面积为 177.6 平方米，户型为两厅、两卫、四卧，适用于两代人共同居住的大家庭。入户花园可起到门厅的作用，南侧的客厅可兼做餐厅和娱乐室，北侧餐厅可供人吃早餐或简餐时使用，西侧卧室可用于储藏（图 8.90）。

图 8.90 生态庭院 V2.0 点式高层变体户型 C

户型 D 使用面积为 80.7 平方米，适用于丁克家庭和单身人士。宽阔的入户花园和南侧种植阳台是该户型的亮点（图 8.91）。

图 8.91　生态庭院 V2.0 点式高层变体户型 D

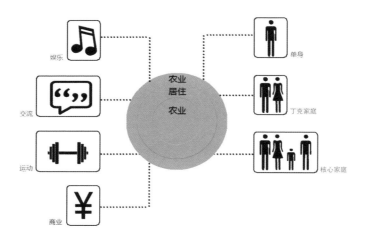

图 8.92　生态庭院 V2.0 点式高层变体空间分析

养殖区位于地上一、二层和地下一、二层的西北角，既不占用采光良好的空间，又与居住、公共空间有所分隔，避免养殖中产生的细菌和不良气味的传播。建筑地下空间也得到充分利用，一部分用于农产品、农具和车辆的存放，一部分用于生产。地下养殖和部分地下种植物采用 LED 农业照明技术，作为高科技农业生产的技术展示，剩余大部分种植物无须光照，用来栽培菌类（图 8.93~图 8.95）。

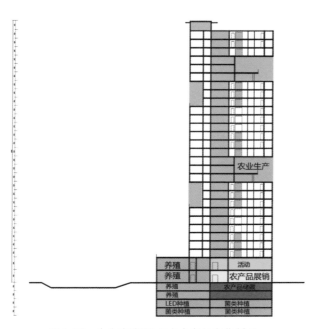

图8.93　生态庭院V2.0点式高层变体剖面

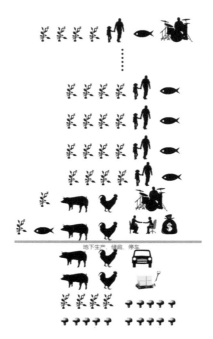

图8.94　生态庭院V2.0点式高层变体功能分布

图8.95　生态庭院V2.0点式高层变体局部空间

8.3.3　生态策略

1）沼气—温室技术代谢平衡验算

方案包含沼气发生系统和沼气—人工湿地水处理系统两套独立的系统。前者的沼气池位于建筑一侧，后者的沼气池位于地下，人工湿地位于建筑外作为景观（图8.96）。

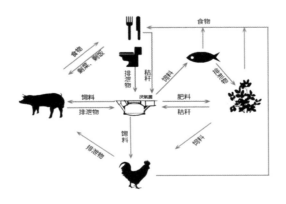

图8.96　生态庭院V2.0点式高层变体物质循环示意

UASB 工艺所需原料与本方案原料不符，不能选用。HCF 工艺产气量不能满足本方案的需求。CSTR 工艺虽然产气率高，但本方案沼气需求量有限，若采用 500 立方米的沼气罐只需产气率达到每立方米 2.0 立方米，相较于 CSTR 工艺的高能耗和高难度操作，采用 CSTR 技术并不经济实惠。通过比较，最终选用 USR 工艺，沼气罐容积为 1200 立方米，由于罐体较大，将其安置在建筑一侧（表8.32）。

表 8.32　点式新型生态庭院沼气工艺选择

类别	CSTR	UASB	HCF	USR
原料范围	所有畜禽原料	高 COD 污水、禽畜污水	所有禽畜原料	猪粪、鸡粪
原料 TS 浓度	6%～12%	＜1%	8%～12%	3%～5%
水力停留时间	15～30 天	1～5 天	10～30 天	8～15 天
单位能耗	高	高	低	中等
单池容积	500～4000 立方米	200～5000 立方米	100～300 立方米	200～2000 立方米
操作难度	高	高	低	中等
产气率	1.0～15.0 立方米/立方米	不定	0.8～2.0 立方米/立方米	0.4～1.2 立方米/立方米
经济效益	较佳	较低或负效益	中等	偏低

沼气循环如图 8.97 所示。

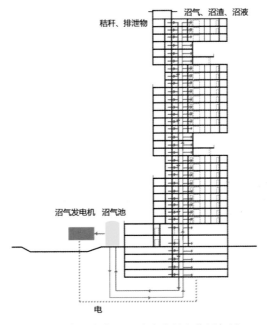

图 8.97　生态庭院 V2.0 点式高层变体沼气循环

秸秆年产量（见"8.1.4 生态策略"）：

1.11 千克 / 平方米 ×（1+25%）×9562.4 平方米 ≈ 13.3 吨。

猪与鸡的个数比为

1200 : 6600 = 1 : 5.5。

鸡粪可全部用作猪的饲料，因此不参与沼气反应（见"8.1.4 生态策略"）。

人粪排泄量（见"8.1.4 生态策略"）：

182.5 千克 / 年 ×334 ≈ 61.0 吨 / 年。

猪粪排泄量（见"8.1.4 生态策略"）：

912.5 千克 / 年 ×1200=1095.0 吨 / 年。

沼气产量（见"8.1.4 生态策略"）：

61.0 吨 ×0.43 立方米 / 千克 +1095.0 吨 ×0.42 立方米 / 千克 +13.3 吨 ×0.45 立方米 / 千克 ≈ 492.1×10³ 立方米。

每户沼气用量为 1536 立方米 / 年，用电 4500 千瓦时 / 年（见"8.2.4 种养结合模式生态策略"），农业空间用电为 500 千瓦时 /（年·亩），则总用电量为：

4500 千瓦时 / 年 ×102+ 500 千瓦时 /（年·亩）×11658.4 平方米 ≈ 467.8×10³ 千瓦时 / 年。

1 立方米沼气可发电 2 千瓦时，则沼气发电需要沼气 233.9×10³ 立方米 / 年。

总用气量为：

1536 立方米 / 年 ×102+233.9×10³ 立方米 / 年 ≈ 390.5×10³ 立方米 / 年< 492.6×10³ 立方米 / 年，满足公式一。

每年生产 492.6×10³ 立方米沼气的同时可获得沼渣 1687 吨，沼液 1124.7 吨（图 8.98）。

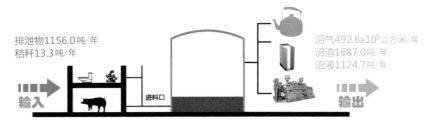

排泄物1156.0吨/年
秸秆13.3吨/年

沼气492.6×10³立方米/年
沼渣1687.0吨/年
沼液1124.7吨/年

输入　进料口　输出

图8.98　生态庭院V2.0点式高层变体沼气池投入、产出示意

沼渣消耗量（见"8.1.4 生态策略"）：

3 千克 / 平方米 ×5383.8 平方米 +817.6 千克 / 只 ×1200 只 +12.6 千克 / 只 ×6600 只 +1.35 千克 / 平方米 ×280.0 平方米 ≈ 1080.8 吨 < 1687.0 吨，满足公式二。

沼液消耗量（见"8.1.4　生态策略"）：

3.75 千克 / 平方米 ×4178.6 平方米 +2.6 千克 / 平方米 ×5383.8 平方米 ≈ 29.7 吨 < 1124.7 吨，满足公式三。

沼气系统能够实现代谢平衡，且有剩余沼气、沼渣、沼液可对外销售。

2）制冷供热技术验算

经上文验算，本方案沼气产量可满足沼气壁挂炉运行需求，因此冬季采用沼气壁挂炉毛细管辐射采暖，夏季采用冷风冷水机组制冷（表 8.33）。

表 8.33　生态庭院 V2.0 点式高层变体制冷供暖技术选择

方式	耗电量 / 千瓦时	耗气量 / 立方米	耗秸秆量 / 千克	初次投入费用 / 万元	年运行费用 / 元	排放量（不含二氧化碳）/ 千克	优点	缺点
沼气炉毛细管辐射采暖 + 冷风冷水机组	3682	1152	0	2.4	2209	52.9	洁净环保，充分利用沼气资源	取暖制冷两套系统
地源、空气源热泵毛细管辐射采暖制冷	5304	0	0	3	3182	69.1	节能环保	与传统空调相比，在低层住宅中无突出优势
RVR 空调	5716	0	0	2	3429	74.5	安装简便，技术成熟	对环境造成负担较大，耗电高
秸秆燃池 + 井水空调	504	0	8640	1	616	3456	充分利用秸秆资源，价格低廉	秸秆燃池技术不成熟，密封性、安全性差，建筑结构受热遭破坏；井水空调只能使温度变化 3 ~ 4℃，效果有限，噪声大，挖井施工复杂，对地下水温产生影响

3）雨水收集技术验算

生活、生产过程中排出的废水和雨水分别经过沼气、人工湿地的净化，水质达标后用于农业生产（图 8.99）。

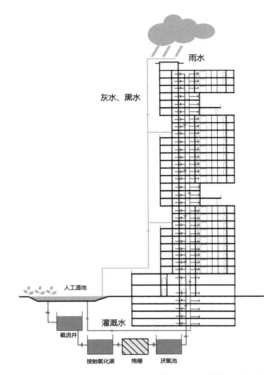

图8.99　生态庭院V2.0点式高层变体人工—湿地水处理系统示意

生活用水量（根据表8.34计算）：

33立方米/人×334人≈11.0×10³立方米。

农业用水量：

11立方米/只×1200只+0.2立方米/只×6600只+25.5立方米/亩×5383.8平方米+15立方米/亩×4178.6平方米+280.0立方米≈15.1×10³立方米。

表8.34　生态庭院V2.0点式高层变体生活、生产单位年用水量

项目	人生活	养猪	养鸡	传统灌溉	非温室滴灌	无土栽培	鱼菜共生
单位	立方米/人	立方米/只	立方米/只	立方米/平方米	立方米/平方米	立方米/平方米	立方米
年用水量	33	11	0.2	0.225	0.03825	0.0225	280

年雨水收集量（见"8.1.4 生态策略"）：

1150.2平方米×0.685米×0.9≈709.1立方米。

收集的雨水量相对于农业需水量较少，雨水做灌溉用水仅占农业用水的4.7%，大多数农业用水依靠人工—湿地水处理系统对水进行循环利用和市政管网的支持（图8.100）。

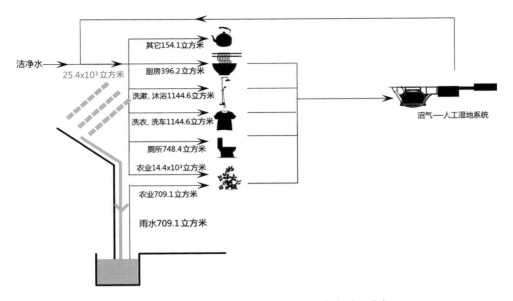

图8.100　生态庭院V2.0点式高层变体水循环示意

4）太阳能的利用

由于楼顶面积有限，太阳能热水系统采用壁挂式（图8.101），安装方便但受光范围有限。

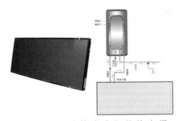

图8.101　壁挂式太阳能热水器

窗台的设计借鉴了双层幕墙的原理（图8.102、图8.103），夏季打开对外通风口，帮助空气流通；冬季关闭对外通风口，对内通风口打开，室内冷空气循环至此被加热（图8.104）。

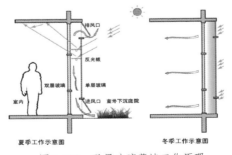

图8.102　双层玻璃幕墙工作原理

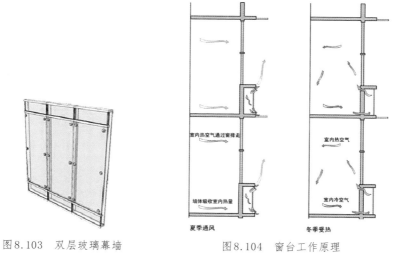

图8.103　双层玻璃幕墙　　　　　　　　图8.104　窗台工作原理

5）现代农业技术

除上文两个方案涉及的高科技农业技术，本方案中还采用了屋顶种植和 LED 种植。屋顶种植不仅充分利用了屋顶空间，也增强了屋顶的保温隔热效果（图 8.105）。

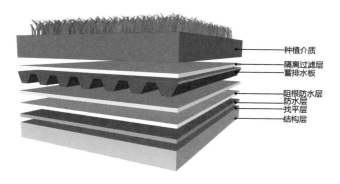

图8.105　屋顶种植

LED 光电技术在农业生产领域的应用目前正处于初级发展阶段。LED 应用于种植业后使得室内也能种植喜阳植物。LED 农业照明的应用主要在农作物生长灯，家禽、家畜棚舍照明灯，诱鱼灯，选择性害虫诱捕灯等几个方面。受经济条件限制，本方案 LED 农业照明技术主要应用于三方面：第一，地下一、二层的猪、鸡的饲养；第二，地下三层的小范围农作物种植；第三，家庭观赏性鱼菜共生设备（图 8.106）。

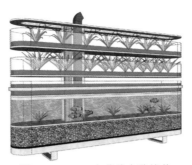

图 8.106　LED 鱼菜共生种植箱

8.3.4 经济效率验算

根据测算，生态庭院 V2.0 点式高层变体住宅农产品销售收入见表 8.35。

表 8.35　生态庭院 V2.0 点式高层变体农产品销售收入

项目	数据
蔬菜年产量（吨）	146.5
家庭年蔬菜需求量（吨）	110.2
年销售蔬菜量（吨）	36.3
蔬菜价格（元/千克）	15
蔬菜收入（万元）	54.45
年养猪数量（只）	3600
家庭年猪需求量（只）	102
年销售猪数量（只）	3498
猪价格（元/只）	1500
卖猪收入（万元）	524.7
鸡年产量（只）	26400
家庭年鸡需求量（只）	1530
年销售鸡数量（只）	24870
鸡价格（元/只）	20
年鸡蛋产量（千克）	85536
家庭鸡蛋需求量（千克）	6936
年鸡蛋销售量（千克）	78600
鸡蛋价格（元/千克）	8
卖鸡和鸡蛋收入（万元）	112.6
总收入（万元）	741.8
户均年收入（万元）	7.3

注：本节中农作物对居民生活需求满足与否的数值参考中的蔬菜，只涉及数量计算，不包含农作物品种是否满足居民需求的统计。

结合农产品销售和沼气、沼渣、沼液销售，每户农民年收入可达到7.5万元（表8.35、表8.36），农民不用外出打工，在家务农即可获得更多的收入。

表8.36　点式新型生态庭院沼气、沼渣、沼液销售收入

项目	数据
年沼气产量（立方米）	492.6×10^3
年沼气需求量（立方米）	390.5×10^3
年沼气出售量（立方米）	102.1×10^3
沼气价格（元/立方米）	0.8
沼气收入（万元）	8.17
年沼液产量（吨）	1124.7
年沼液需求量（吨）	29.7
年沼液出售量（吨）	1095.0
沼液价格（元/吨）	50
沼液收入（万元）	5.48
年沼渣产量（吨）	1687
年沼渣需求量（吨）	1080.8
年沼渣出售量（吨）	606.2
沼渣价格（元/吨）	50
沼渣收入（万元）	3.03
沼气及副产品总收入（万元）	16.68
户均年收入（元）	1635.3

8.3.5　方案评价

该系统效果良好，能够解决村庄内部的电、暖、食物需求，且经济收益较高。但系统水资源尚有部分依靠外界市政管网支持，并对外排出不能处理的无机垃圾（图8.107）。

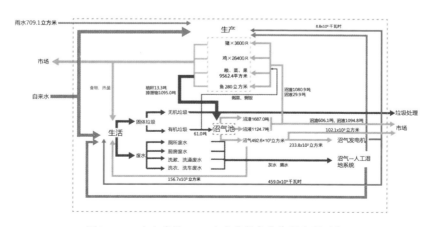

图8.107　生态庭院V2.0点式高层变体资源代谢平衡

参考文献

[1] 卞有生，徐汝梅.留民营生态农业系统的结构与能量流和生态效率的计算 [J].环境科学,1986,04:94-102.

[2] 云正明.农村庭院生态系统研究 [J].农业现代化研究,1987,03:12-16.

[3] 翁伯奇，黄勤楼，陈金波.持续农业的新发展——生态农村的建设 [J].云南环境科学,2000,19(S1):99-103.

[4] 朱跃龙，吴文良，霍苗.生态农村——未来农村发展的理想模式 [J].生态经济,2005,01:64-66.

[5] 张大玉，欧阳文.生态村规划的理论与实践 [J].北京建筑工程学院学报,2007,01:26-30+36.

[6] 唐学玉，姜志德.我国西部地区生态村建设的模式与评价标准探讨 [J].绿色中国,2007,03:68-69.

[7] 沈丽娜，马俊杰.国内外城市物质代谢研究进展 [J].资源科学,2015,10:1941-1952.

[8] 聂岩，齐鑫山，刘井峰，等.山东生态农业试点实践与发展战略建 [J].山东农业科学,2001(1):52-55.

[9] 郑军，孙宪芝.山东省生态农业建设系统分析与对策研究 [J].中国生态农业学报,2007,15(1):173-175.

[10] 高焕喜.农村改革开放三十年的回顾与前瞻——以山东省为例 [J].乡镇经济,2009,01:52-57.

[11] 党的十八大报告《坚定不移沿着中国特色社会主义道路前进，为全面建成小康社会而奋斗》.

[12] 李鹏，徐跃通.山东省人口空间分布特征分析 [J].鲁东大学学报(自然科学版),2011,03:274-278.

[13] 张卫国，刘效龙，朱琦.山东省农村新型社区和新农村规划实践探索 [J].小城镇建设,2014,12:57-63.

[14] 石峰，范立建，吕实波，等.2006 年山东省农村垃圾和污水处理状况调查 [J].预防医学论坛,2008,09:774-775+778.

[15] 汪国连，金彦平.我国农村垃圾问题的成因及对策 [J].现代经济(现代物业下半月刊),2008,10:44-45+51.

[16] 叶茂乐，李艳艳.厦门屋顶休闲农业发展探析 [J].福建建筑,2011,01:11-13.

[17] 魏艳，赵慧恩.我国屋顶绿化建设的发展研究——以德国、北京为例对比分析 [J].林业科学,2007,04:95-101.

[18] 刘德江，邱桃玉，刘歆，等.秸秆与粪便不同配比发酵产沼气试验研究 [J].中国沼气,2011,04:13-15+46.

[19] 黄明.各种畜禽的饮水需要 [J].四川畜牧兽医,2003,07:41-42.

[20] 廖诗英，李玉芳.河南省畜禽养殖污染状况的评价 [J].江苏农业科学,2014,01:334-337.

[21] 喻闻，许世卫.2012 年中国农村居民食物消费分析 [J].农业展望,2012,10:52-55.

[22] 凌华，陈光水，陈志勤.中国森林凋落量的影响因素 [J].亚热带资源与环境学报,2009,04:66-71.

[23] 李振群，秦朝葵，戴万能，等.一种基于管道燃气的农村能源供应模式 [J].城市燃气,2010,10:18-23.

[24] 岳波，张志彬，孙英杰，等.我国农村生活垃圾的产生特征研究 [J].环境科学与技术,2014,06:129-134.

[25] 蒋高明.发展生态循环农业，培育土壤碳库 [J].绿叶,2009,12:93-99.

[26] 梁荫，施为光.黑龙滩水库风景区旅游容量的探讨 [J].四川环境,1997,02:53-56.

[27] 程川，陈蓓，任绍光.重庆农村不同家庭能源消费研究 [J].可再生能源,2004,05:26-28.

[28] 陈蔚镇，杨学军.崇明陈家镇新型农村生态社区发展的思考 [J].城市规划,2008,(08):31-35.

[29] 粟驰，吴文良，于兴海.北京郊区北宅生态村规划研究 [J].北京农学院学报,2004,19(04):51-54.

[30] 马小英.新农村背景下的乡村人居环境规划研究 [J].现代农业科技,2011,(08):396-397.

[31] 杨锦秀，赵小鸽.农民工对流出地农村人居环境改善的影响 [J].中国人口·资源与环境,2010,20(8):22-26.

[32] 李伯华,杨森,刘沛林,等.乡村人居环境动态评估及其优化对策研究——以湖南省为例 [J]. 衡阳师范学院学报,2010,31(06):71-76.

[33] 郑明欣,郑舒华,刘建华.规划和谐美丽村庄改善农村人居环境 [J]. 中小企业管理与科技 (上旬刊),2011,(10):149-150.

[34] 赵之枫.乡村人居环境建设的构想 [J]. 生态经济,2001,(05):50-52.

[35] 李强,周培.农业多元功能耦合与都市型农业生产结构优化 [J]. 中国农学通报,2012,28(02):103-108.

[36] 陶陶,罗其友.农业的多功能性与农业功能分区 [J]. 中国农业资源与区划,2004,25(01):45-49.

[37] 陈勇.国内外乡村聚落生态研究 [J]. 农村生态环境,2005,21(03):58-61+66.

[38] 王旭,李红刚,李绍鹏.国外生态村建设经验对海南文明生态村建设的启示 [J]. 安徽农业科学,2009,37(01):437-440.

[39] 刘广民,董永亮,薛建良,等.果蔬废弃物厌氧消化特征及固体减量研究 [J]. 环境科学与技术,2009,3: 31-35.

[40] 张晓晶.不乱掏百姓腰包——山东政府承担更多民生成本 [N]. 经济参考报,2007-01-17 (第二版).

[41] 李轶冰,杨改河,楚莉莉,等.中国农村户用沼气主要发酵原料资源量的估算 [J]. 资源科学,2009,31(02):231-237.

[42] 李伯钧.向屋顶空间要地 [J]. 中国农村科技,2012,(07):39-41.

[43] 高宏秀,张光琴.低碳绿化模式初探 [J]. 现代园艺,2010,(12):28.

[44] 赵阳,伊家美,陈美君.论墙体绿化在现代城市建筑景观设计中的运用 [J].中国市场,2011,(2):30-31.

[45] 宋文婵,吴金凤,李楠.滨城龙达集团的创新农业道路之现代阳台农业 [J]. 科学观察,2011,(5):117-118.

[46] 刘鸣,陈滨,张宝刚.北方地区低能耗自循环农村住宅实践性能分析 [J]. 建筑技术,2012,43(07):611-614.

[47] 王铁良,刘文合,白义奎."五位一体"庭院生态模式 [J]. 沈阳农业大学学报,2002-08,33(04):285-287.

[48] 田园,王韶华,徐建新.海河流域农业用水量研究 [J]. 河北水利水电技术,1995,(01): 52-57.

[49] 金彦兆,李元红,张新民.基于安全饮水的农村生活单户雨水利用模式 [J]. 节水灌溉,2007,(08):73-75.

[50] 石爽,王东宇,张勇.上海金桥工业园企业间水资源梯级利用方案分析 [J]. 中国给水排水,2012,28(04):85-88.

[51] 蔡果良,李大伟.人工湿地污水处理在北方小城镇中的应用前景 [J]. 科技资讯,2011,(06):109.

[52] 吴树彪,董仁杰.人工湿地污水处理应用与研究进展 [J]. 水处理技术,2008,34(08):5-9+21.

[53] 徐志诚.酸性矿井水的人工湿地处理方法综述 [J]. 矿业安全与环保,2005,(02):41-42+57.

[54] 陈云.人工湿地污水处理技术应用 [J]. 中国科技博览,2011,(21):223-224.

[55] 王婧,张旭,燕乃英.严寒地区节能型村镇能源规划 [J]. 中国建设动态.阳光能源,2005,(01): 54-57.

[56] 刘书俊.论巴东农业废弃物与生活垃圾资源化 [J]. 环境与可持续发展,2006,(03):18-20.

[57] 李春亭,陈肖安.新型村庄规划与建设 [M]. 北京 : 中国农业大学出版社,2006:55.

[58] 姚海林,吴文,刘峻明.城市生活垃圾的消纳处理方法及其利弊分析 [J]. 岩石力学与工程学报,2003,22(10):1756-1759.

[59] Kennedy C, Pincetl S, Bunje P. The study of urban metabolism and its applications to urbanplanning and design [J].Environmental Pollution, 2011, 159(8-9):1965.

[60] Wolman, Abel. The metabolism of cities[J]. Scientific American, 1965, 213(3): 178-193.

[61] 刘长安,赵继龙.生产·生活·生态——城市"有农社区"研究[M].北京:中国建筑工业出版社,2016: 22-35.

[62] 刘长安,张玉坤,赵继龙.基于物质循环代谢的城市"有农社区"研究[J].城市规划,2018,42(01):52-59.

[63] Agudelo-Vera, Claudia M., et al. Resource management as a key factor for sustainable urban planning[J]. Journal of environmental management, 2011, 92(10): 2295-2303.

[64] Girardet H. The Metabolism of Cities[J].Scientific American, 1990, 213:179-190.

[65] 岳晓鹏,张玉坤.国外生态村概念演变及发展历程研究[J].建筑学报,2011,(S1):123-129.

[66] F.H.King.四千年农夫:中国、朝鲜和日本的永续农业[M].程存旺,石嫣,译.北京:东方出版社,2011: 57-59.

[67] 赵继龙,张玉坤.西方城市农业与城市空间的整合实验[J].新建筑,2012,(4):27-31.

[68] Baccini P, Brunner P H. Metabolism of the Anthroposphere: Analysis, Evaluation, Design[M]. Massachusetts: The MIT Press, 2012: 58-62.

[69] Chapman R. Resilient Cities: Responding to Peak Oil and Climate Change[J]. Australian Planner, 2012, 46(1):59-59.

[70] Ekins P. The transition handbook: from oil dependency to local resilience[J]. Energy Policy, 2009, 37(4):1585-1585.

[71] Broto, V.C., Allen, A., Rapoport, E.. Interdisciplinary Perspectives on Urban Metabolism[J]. Journal of Industrial Ecology, 2012,16(6):851-861.

[72] Cui, X.. How can cities support sustainability: A bibliometric analysis of urban metabolism[J]. Ecological Indicators, 2018, 93: 704-717.

[73] 周忠凯,赵继龙,林佳潞,等.桑基图的可视化图式在建成环境领域的应用[J].山东建筑大学学报,2017,32(06):536-544.

[74] Anya T, Ambe Y. A Study on the Metabolism of Cities. Sciencefor a Better Environment[M]. Tokyo: Science Council of Japan, 1976: 36-38.

[75] Billen G, Barles S, Garnier J, et al. The food-print of Paris: long-term reconstruction of the nitrogen flows imported into the city from its rural hinterland [J]. Regional Environmental Change, 2009, 9(1):13-24.

[76] 宋涛,蔡建明,杜姗姗,等.基于能值分析的北京城市新陈代谢研究[J].干旱区资源与环境,2015, 29(1):37-42.

[77] 沈丽娜,马俊杰.国内外城市物质代谢研究进展[J].资源科学,2015, 37(10):1941-1952.

[78] Codoban N, Kennedy C A. Metabolism of neighborhoods [J]. Journal of Urban Planning and Development, 2008, 134(1): 21-32.

[79] Kestemont B, Kerkhove M. Material flow accounting of an Indian village [J]. Biomass and Bioenergy, 2010, 34(8):1175-1182.

[80] Odgaard, O., Jørgensen, M.H.. Heat supply in Denmark: who, what, where and why [M]. København: Energistyrelsen.

[81] Spiller Marc, Agudelo Claudia. Mapping diversity of urban metabolic functions: a planning approach for more resilient cities [C]. In Proceedings of the 5th AESOP Young Academics Network Meeting 2011, Delft, 15-18 February 2011: 126-139.

[82] Leduc, W.R.W.A., et al. Expanding the exergy concept to the urban water cycle [C]. SASBE 2009 Book of the 3rd CIB International Conference on Smart and Sustainable Built Environments, Delft,

The Netherlands, 2009.

[83] Leduc, W.R.W.A.. Urban Harvesting as planning approach towards productive urban regions[C]. SCUPAD 2010, Slazburg, Austria. 2010.

[84] Jongert Jan, Nels Nelson, Fabienne Goosens. Recyclicity: A Toolbox for Resource-Based Design[J]. Architectural design, 2011, 81(6): 54-61.

[85] Tillie N, Dobbelsteen AV D, Doepel D, et al. Towards CO2 Neutral Urban Planning: Presenting the Rotterdam Energy Approach and Planning (REAP)[J].Journal of Green Building, 2009, 4(3):103-112.

[86] 高晓明 , 许欣悦 , 刘长安 , 等 . "从摇篮到摇篮" 理念下的生态社区规划与设计策略——以荷兰 PARK2020 生态办公园区为例 [J]. 城市发展研究 ,2019,26(03):85-91+107.

[87] 李旋旗 , 花利忠 . 基于系统动力学的城市住区形态变迁对城市代谢效率的影响 [J]. 生态学报 ,2012, 32(10): 2965-2974.

[88] 赵千钧 , 张国钦 , 齐海 , 等 . 城市效率学初探——基于城市住区代谢效率的研究实践 [M]. 北京 : 科学出版社 , 2017: 237-253.

[89] Huang S L, Kao W C, Lee C L. Energetic mechanisms and development of an urban landscape system[J]. Ecological modelling, 2007, 201(3-4): 495-506.

[90] Lee C L, Huang S L, Chan S L. Biophysical and system approaches for simulating land-use change[J]. Landscape and Urban Planning, 2008, 86(2): 187-203.

[91] 吴盈颖 , 王竹 , 朱晓青 . 低碳乡村社区研究进展、内涵及营建路径探讨 [J]. 华中建筑 , 2016(34):30.

[92] 张健 , 高世宝 , 章菁 , 等 . 生态排水的理念与实践 [J]. 中国给水排水 , 2008(02):17-21.

[93] 张磊 , 朱颜 . 农村绿色基础设施对农村规划建设模式的影响 [J]. 建筑与文化 ,2010(7): 32-37.

[94] 周中仁 , 陈群 , 张虹波 , 等 . 北方农村 "四位一体" 模式调查研究 [J]. 可再生能源 ,2007(4) :93-96.

[95] 林君翰 , 关帼盈 , 黄稚沄 . 四季 : 一所房子 , 石家村 , 渭南 , 陕西 , 中国 [J]. 世界建筑 ,2012(12):26-31.

[96] 傅英斌 . 聚水而乐 : 基于生态示范的乡村公共空间修复——广州莲麻村生态雨水花园设计 [J]. 建筑学报 ,2016(08):101-103.